广西生态环境监测质量管理系统常见问题100问

（第一册）

广西壮族自治区生态环境监测中心 编
广西新污染物监测预警与环境健康评估重点实验室

西南交通大学出版社
·成都·

图书在版编目（CIP）数据

广西生态环境监测质量管理系统常见问题100问. 第一册 / 广西壮族自治区生态环境监测中心，广西新污染物监测预警与环境健康评估重点实验室编. -- 成都：西南交通大学出版社，2024.8. --ISBN 978-7-5643-8295-7

Ⅰ. X32-44

中国国家版本馆CIP数据核字第2024FL4980号

Guangxi Shengtai Huanjing Jiance Zhiliang Guanli Xitong Changjian Wenti 100 Wen（Diyice）
广西生态环境监测质量管理系统常见问题100问（第一册）

广西壮族自治区生态环境监测中心
广西新污染物监测预警与环境健康评估重点实验室　编

策 划 编 辑	何明飞　黄淑文
责 任 编 辑	黄淑文
封 面 设 计	原谋书装
出 版 发 行	西南交通大学出版社
	（四川省成都市金牛区二环路北一段111号
	西南交通大学创新大厦21楼）
营销部电话	028-87600564　028-87600533
邮 政 编 码	610031
网　　　址	http://www.xnjdcbs.com
印　　　刷	四川煤田地质制图印务有限责任公司
成 品 尺 寸	185 mm×260 mm
印　　　张	5
字　　　数	85千
版　　　次	2024年8月第1版
印　　　次	2024年8月第1次
书　　　号	ISBN 978-7-5643-8295-7
定　　　价	39.00元

图书如有印装质量问题　本社负责退换
版权所有　盗版必究　举报电话：028-87600562

编委会

领导小组 　陈　蓓　邓敏军　洪　欣　田　艳　潘柳青

主　　编 　姜同强

副 主 编 　韦江慧　付　洁　邓嫔卿

编　　委 　刘维明　何东明　潘　艳　吕保玉　胡造时
　　　　　　 李世龙　陈春霏　刘　捷　黄红铭　覃华芳
　　　　　　 李　桃　李丽和　欧小辉　张海强　潘　圣
　　　　　　 陈　洋　姚苏芝　吕博伟　卢　秋　周　勤
　　　　　　 何　宇　黄　宁　潘汉城　梁柳玲　王　锦
　　　　　　 刘小萍　李青倩　叶开晓　闭潇予　刘　珂
　　　　　　 徐业梅　朱　华　梁　华　蒋　明　黎　淼
　　　　　　 黄贺铭　罗红宁　徐凡珍　凌　玲

前言

监测数据质量是生态环境监测工作的生命线，为确保监测数据"真准全快新"，从源头上防止监测数据弄虚作假，2020年1月广西壮族自治区生态环境监测中心（以下简称"区监测中心"）提出建设广西生态环境监测质量管理系统（以下简称"系统"）。2020年7月系统建设启动；2021年8月，系统通过验收；2022年4月，系统在区监测中心和14个驻市生态环境监测中心（以下简称"驻市中心"）上线试运行；2022年9月，系统正式分批上线运行。

自系统验收以来，面临监测人员对系统使用不熟悉、遇到问题无从下手、任务流转推进缓慢等重重困难。为解决这些问题，区监测中心组织各驻市中心开展系统操作持证上岗自认定及考核，迅速提升全区生态环境监测人员系统操作技能；组织系统运维人员对系统功能设置进行优化，保障了系统稳定运行；开展"教、学、行"一体化跟班培训，要求跟班培训人员解答系统使用问题等，迅速培养了一批熟悉系统使用的技术骨干。

为巩固培训效果，总结系统使用的常见问题，区监测中心组织人员编制了本书。本书主要是通过图文相结合的形式介绍系统的常见问题和解决方法，为刚接触系统的人员及年龄偏大的人员在使用系统过程中遇到的常见问题提供解决方法，也为软件开发人员研发生态环境监测实验室信息化系统提供一些思路和参考。

由于作者水平有限，本书难免存在不足之处，恳请读者批评指正。

目 录

第一章 主业务流程 ··· 001

 第一节 任务登记及下达 ·· 002

  问题 1-1 任务登记时选不到所需的业务类型怎么办？··························· 002

  问题 1-2 下达指令性监测任务时，"质控要求"是否必填？··················· 003

  问题 1-3 下达采测或检测任务时，为何样品消失了？··························· 004

  问题 1-4 计划编制与报告编制人可以为不同人吗？······························ 004

 第二节 计划编制与采样 ·· 005

  问题 1-5 监测计划编制提交至采样安排时，任务为何消失？··················· 005

  问题 1-6 分析项目与方法固定的任务，如何快速下达？························· 005

  问题 1-7 为何无法将监测能力库中的方法加入监测方案？······················ 008

  问题 1-8 为何微囊藻毒素无法添加到地表水监测方案中？······················ 009

  问题 1-9 监测计划提交时为何报错？·· 009

  问题 1-10 点击初始化，为何监测计划没有监测点位？·························· 010

  问题 1-11 现场监测时，如何增加或减少监测项目？···························· 010

  问题 1-12 如何将不同分析项目打印在同一个标签上？·························· 011

  问题 1-13 现场采样录入结果时，提示格式错误如何处理？···················· 011

  问题 1-14 为何指派仪器中没有找到需要的仪器？······························· 012

  问题 1-15 现场监测没有用到设备怎么办？·· 013

  问题 1-16 采样记录预览界面，报表格式为何错位？···························· 014

问题 1-17　现场采样时如何取消部分监测点位或样品? ……………………… 014

问题 1-18　常规任务能否自动生成采样量? ………………………………… 015

问题 1-19　采样原始记录容器信息的参数名称为何不显示? ……………… 015

问题 1-20　为何编制监测计划时无法选择监测模板? ……………………… 016

问题 1-21　为何采样时未按照维护信息分瓶? ……………………………… 017

问题 1-22　现场采样人员有 3 个以上, 如何提交采样校核? ……………… 017

问题 1-23　采样准备阶段, 删除点位和样品可以恢复吗? ………………… 017

问题 1-24　为何现场采样记录中采样瓶材质一栏显示空白? ……………… 019

问题 1-25　为何无法选择某用户作为项目负责人和采样人? ……………… 019

问题 1-26　查询采样单时, 为何采样单项目个数与实际不符? …………… 019

问题 1-27　采样前系统需做哪些准备工作? ………………………………… 020

问题 1-28　采样可以换方法吗? ……………………………………………… 020

第三节　样品交接与质控 …………………………………………………… 021

问题 1-29　有些项目临时不需要测定 QC 时怎么处理? …………………… 021

问题 1-30　密码盲样报数可以报几次? 现场平行样可以报几次? ………… 022

问题 1-31　为何使用标准物质时找不到领用的标准物质? ………………… 022

问题 1-32　标准物质唯一性编号如何打印? ………………………………… 022

问题 1-33　只添加了 1 个密码质控样, 为何表单出现多个? ……………… 023

问题 1-34　为何无法自动判断质控样结果? ………………………………… 025

问题 1-35　样品是如何编号的? ……………………………………………… 025

第四节　分析录入 …………………………………………………………… 026

问题 1-36　分析录入时可以修改方法或参数吗? …………………………… 026

问题 1-37　在分析录入结果录入中, 为何新增的样品无论输入什么内容
　　　　　　都提示公式错误, 而其他的样品却能正确触发公式? ……… 026

问题 1-38　为何同一个浏览器打开 A/B 两个账号, 在 A 账号上添加分析项目到
　　　　　　【批列表】, 却在 B 账号上出现了新添加的该【批列表】信息? …… 026

问题 1-39　如何在分析录入时修改项目名称? ……………………………… 026

问题 1-40	为何分析录入界面找不到分析项目？	027
问题 1-41	待处理测试中未找到分析项目该如何处理？	027
问题 1-42	分析项单位、修约规则及检出限不对可以修改吗？	028
问题 1-43	如何使用多组分溶液配置曲线？在哪里预览？	028
问题 1-44	校准曲线的截距斜率修约位数不对，该如何处理？	030
问题 1-45	分析录入时，无法添加质控措施，该如何处理？	030
问题 1-46	分析录入时，稀释倍数不可填，该如何处理？	030
问题 1-47	如何将"ND"改为"检出限 +L"或其他形式？	030
问题 1-48	分析录入时，系统没有自动计算或计算错误该如何处理？	031
问题 1-49	为何分析结果未根据曲线进行计算？	032
问题 1-50	数值修约不对怎么处理？怎么设置分段修约？	032
问题 1-51	为何数据采集失败？	032
问题 1-52	添加批选择了错误的仪器需要怎么修改？	032
问题 1-53	回收率、相对偏差等信息没有自动计算怎么处理？	033
问题 1-54	为何超出检出限的实验室空白判定为合格？	033
问题 1-55	分析人员能看得出哪些样品类型吗？	034
问题 1-56	分光光度法 Ln(A-A0) 等如何绘制曲线？	034
问题 1-57	为何溶解性总固体平行样的"介质编号"无法填写？	037
问题 1-58	有编号的质控样品不出现在样品前处理原始记录表中该如何处理？	037
问题 1-59	如何让质控样不出现在前处理的原始记录中？	037
问题 1-60	只添加 1 次质控样品，为何会出现多个质控？	037
问题 1-61	删除实验室空白后添加其他质控样品报错，如何处理？	038
问题 1-62	系统加标回收率如何计算？	038
问题 1-63	为何分析录入和数据录入的样品编号不一致？	038
问题 1-64	为何有的多组分有机物自动计算结果显示？	040
问题 1-65	录入质控样品时，如何体现测试先后顺序？	040
问题 1-66	部分项目分析记录已提交至报告编制，如何退回？	041

问题 1-67　分析录入后，预览记录为何出现分析项缺失？ ……………………………… 041
问题 1-68　为何稀释倍数 < 3 时样品结果计算错误？ ……………………………… 042
问题 1-69　为何未添加的多元素质控样质控结论不合格？如何解决？ …………… 042
问题 1-70　为何采样单和分析记录的"样品名称"未关联？ ……………………… 044
问题 1-71　如图 1-64 所示，使用多组分功能发布曲线预览发现错误，该如何处理？ ‥ 045

第五节　报告编制与存档 ……………………………………………………………… 047
问题 1-72　采样审核或分析审核通过后找不到报告，该如何处理？ ……………… 047
问题 1-73　报告中出现多余的分析项数据如何处理？ ……………………………… 047
问题 1-74　为何功能区噪声报告里监测结果的格式不对？ ………………………… 047
问题 1-75　如何找到报告编制阶段退回的采样单？ ………………………………… 047
问题 1-76　如何知道哪些报告是被退回来的，如何查看退回原因？ ……………… 047
问题 1-77　报告编制时，发现委托方或受检方信息有误，如何修改？ …………… 048

第二章　静态数据 ……………………………………………………………………… 049
问题 2-1　多项目方法如何添加，注意事项有哪些？ ……………………………… 050
问题 2-2　如何使用监测模板？ ……………………………………………………… 050
问题 2-3　监测点类型已设置，但监测点管理维护时选不到，该如何处理？ …… 053
问题 2-4　同一方法的现场与实验室分析如何分开？ ……………………………… 054
问题 2-5　监测能力库无法添加资质证书上的方法该如何处理？ ………………… 055
问题 2-6　方法适用范围选不全，该怎么办？ ……………………………………… 058
问题 2-7　项目方法库中如何查看维护单位？ ……………………………………… 060
问题 2-8　项目方法库中找不到所需的项目，该怎么办？ ………………………… 060
问题 2-9　为何监测模板无法找到项目方法库的方法？ …………………………… 060
问题 2-10　为何标准物质管理无法关联分析项自动判定？ ………………………… 060
问题 2-11　同一方法中并不是所有项目都有资质，如何处理？ …………………… 060

第三章　其 他 …………………………………………………………………………… 061
问题 3-1　如何新增新用户？ ………………………………………………………… 062
问题 3-2　为何界面文字显示异常？ ………………………………………………… 062

问题 3-3　登录时提示账号锁定怎么处理？ ··· 062

问题 3-4　提交时找不到某人员如何处理？ ··· 062

问题 3-5　忘记密码怎么办？ ··· 063

问题 3-6　原始记录中样品编号规则是什么？ ·· 063

问题 3-7　如图 3-3 所示，采样准备里的容器信息如何维护？可否举例说明？ ·· 064

问题 3-8　容器信息维护时，如何添加想要的容器类型？ ······························ 065

问题 3-9　系统变更情况、菜单权限汇总等信息在哪里可以查看？ ················· 066

问题 3-10　样品类型可以自定义吗？ ··· 066

问题 3-11　系统上哪些地方可以终止样品？ ·· 066

问题 3-12　人员与日期有哪些规则？ ··· 068

第一章

主业务流程

第一节　任务登记及下达

问题 1-1　任务登记时选不到所需的业务类型怎么办？

A：系统管理员先在"业务类型"菜单设置每个任务所在的登记科室，再在"用户管理"菜单设置该账号所在的科室，详见图 1-1～图 1-3。（回答：区中心 姜同强）

图 1-1

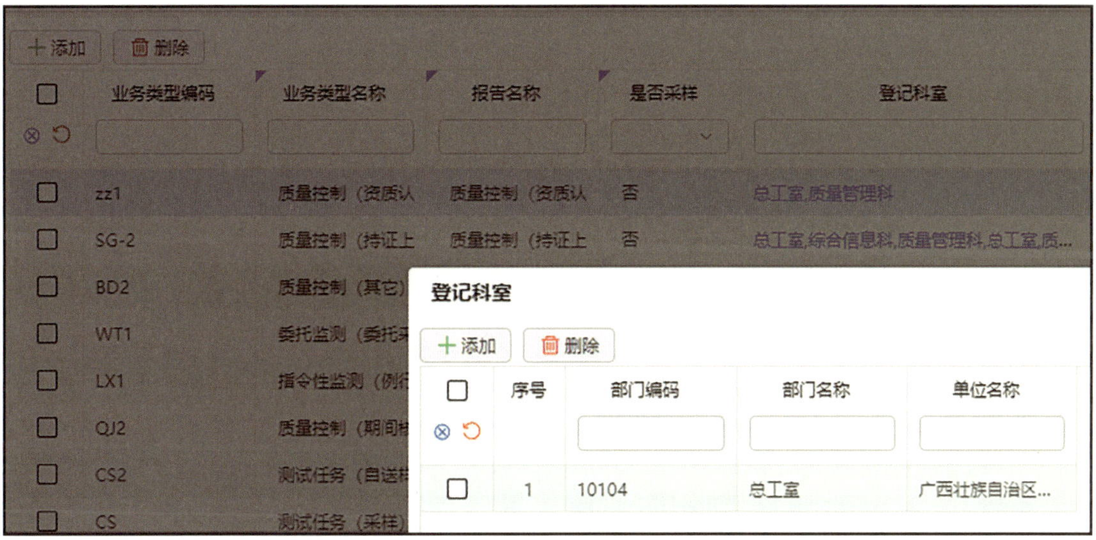

图 1-2

图 1-3

问题 1-2　下达指令性监测任务时,"质控要求"是否必填?

A:任务下达时,"质控要求"非必填,不填时请用"/"表示。可在"监测计划编制"菜单下基础信息处由项目负责人填写质控要求,质控要求内的信息会出现在监测计划中。(回答:区中心　刘捷　潘艳)

问题 1-3　下达采测或检测任务时，为何样品消失了？

A：参数选择错误，需现场监测的项目选了分析的参数，需流转到实验室分析的项目选了采样的参数。pH 值、浊度、电导率等现场及实验室均可分析的项目，通常维护为两种不同的参数，分别供采样及分析用，参考 HJ 1147-2020 的维护方式。碰到此情况时，若是采测任务，可在采样准备使用编辑测试功能更改为正确的参数；若是检测任务，则需将所有样品退回至任务下达，更换为分析类型的参数即可。需要注意的是，样品编号会全部重新生成。（回答：来宾中心　罗红宁）

问题 1-4　计划编制与报告编制人可以为不同人吗？

A：可以。在任务下达时，"项目负责人"与"报告编制人"设置为不同人即可，详见图 1-4。（回答：区中心　刘捷）

图 1-4

第二节　计划编制与采样

问题 1-5　监测计划编制提交至采样安排时，任务为何消失？

A：编制监测计划时选择的方法中有未添加分析项的参数。可在"项目方法库"菜单下检查哪一个参数没有添加分析项，添加并维护分析项信息；最后重新下达任务，监测计划编制时选择维护有分析项的参数，任务即可正常流转。（回答：贵港中心　邓嫔卿）

问题 1-6　分析项目与方法固定的任务，如何快速下达？

A：在"监测模板"界面可以给不同的样品类型添加不同的监测方案（系统管理员/质量管理员/采样人员权限）。（回答：贵港中心　邓嫔卿　区中心　姜同强）

在"default"监测方案的基础上，根据需要可添加不同的监测方案。（注："default"方案是基础方案，只有"default"方案中有的方法，才可以添加进其他方案中）。

在监测模板界面，选择样品类型，在右侧监测方案处添加一条监测方案（注：首次添加的监测方案默认为"default"方案），弹出"监测方案"对话框，在左边选中需要添加的因子和方法，点击▇将其添加至右边，点击右上角"保存"即可完成手动添加，详见图1-5。

图 1-5

可以给不同类型的任务打包不同的方案，如制作地表水采测分离监测方案，操作如下：在"监测模板"界面，点击"监测方案"下面的"添加"按钮，弹出"监测方案"对话框，在"监测方案"处填写方案的名称。如：地表水采测分离，左边选中方案中需要监测的因子和方法，点击 ■ 将其添加至右边，然后点击右上角"保存"即可完成"地表水采测分离"监测方案中该因子和方法的添加，详见图 1-6 和图 1-7。

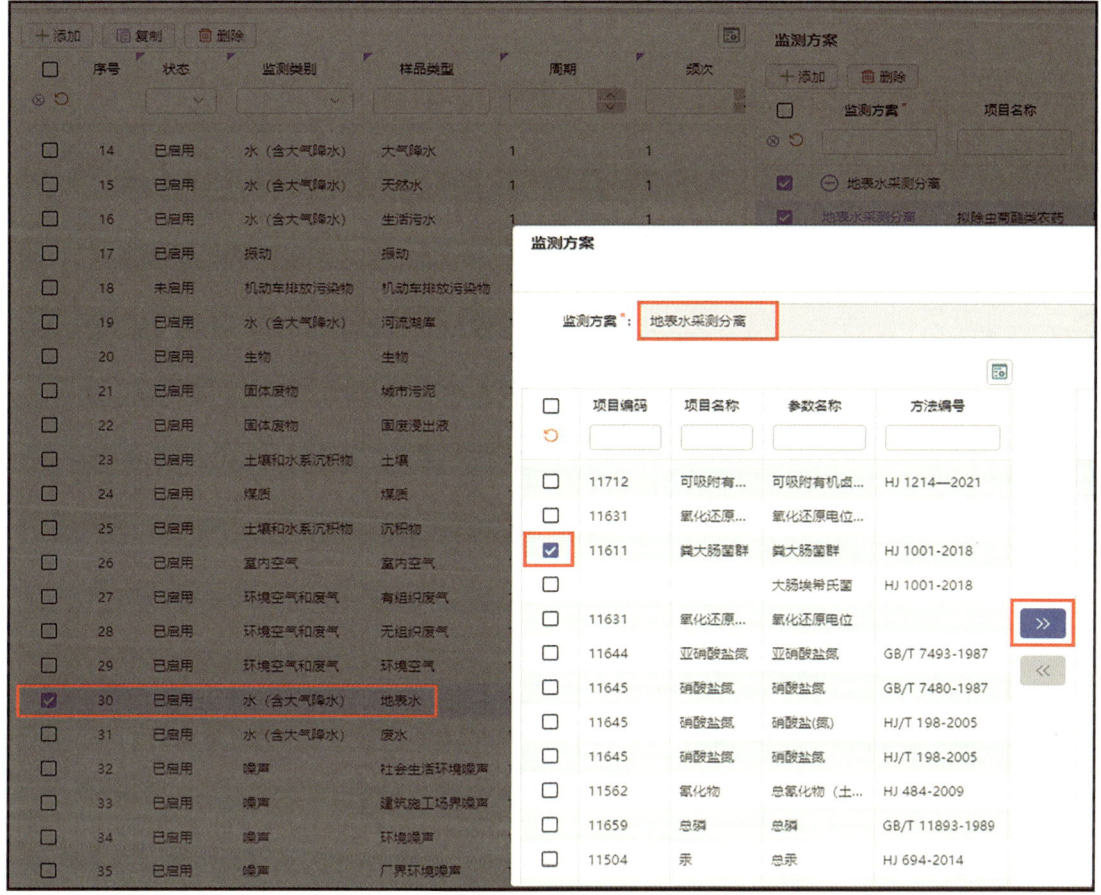

图 1-6

图 1-7

如果需要在该监测方案中继续添加监测因子，可以直接点击该监测方案名字蓝色一列，在弹出的"监测方案"对话框中继续添加，详见图1-8。

图 1-8

问题 1-7　为何无法将监测能力库中的方法加入监测方案？

A：查看该方法是否维护有参数，在项目方法库中维护参数即可将其加入到监测方案中。（回答：贵港中心　邓嫔卿　区中心　姜同强）

问题 1-8　为何微囊藻毒素无法添加到地表水监测方案中？

A：微囊藻毒素的监测类别为生物，不是水和废水，故添加监测方案时，监测类别需选择为"生物"才可添加，详见图 1-9。（回答：贵港中心　邓嫔卿　区中心　姜同强）

图 1-9

问题 1-9　监测计划提交时为何报错？

A：检查所选方法的项目方法库信息是否有"分析类型"或者"测定重复数"为空的数据，详见图 1-10 和图 1-11。（回答：区中心　黄红铭）

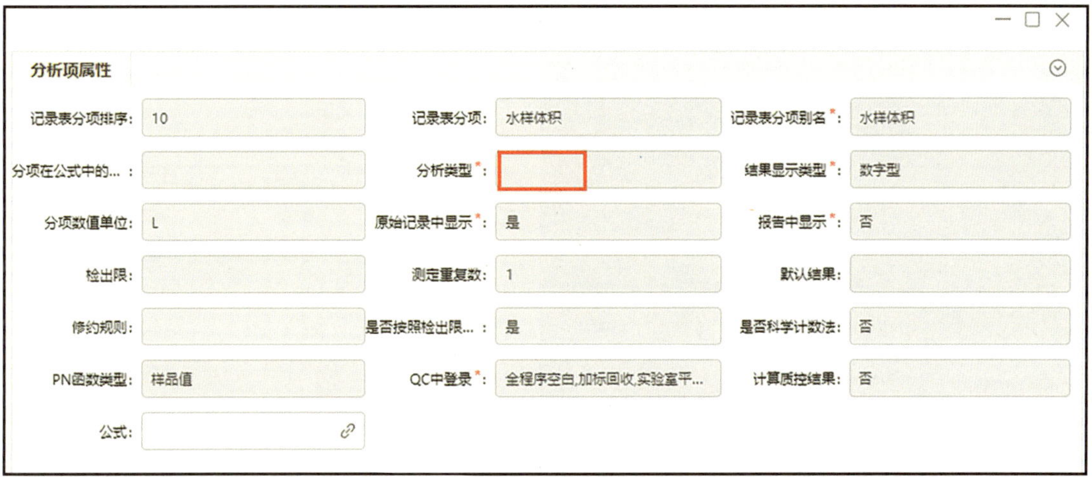

图 1-10

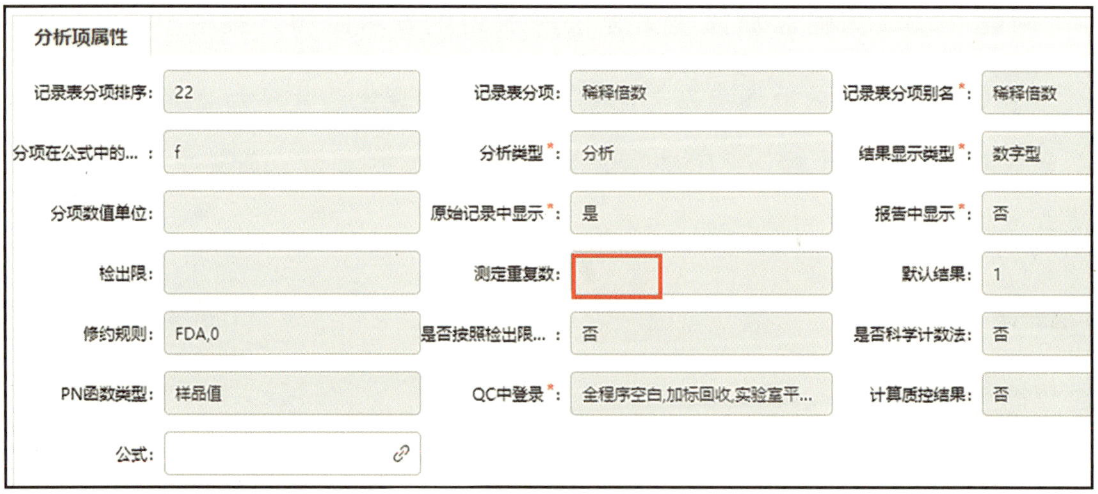

图 1-11

问题 1-10　点击初始化，为何监测计划没有监测点位？

A：需要先在"监测点管理"界面进行监测点位的添加，详细参考监测点管理操作指导。（回答：区中心　姜同强）

问题 1-11　现场监测时，如何增加或减少监测项目？

A：在采样准备界面，可以通过"编辑测试"按钮，对当前样品包含的分析项目进行调整，详见图 1-12。（回答：区中心　李世龙）

图 1-12

问题 1-12　如何将不同分析项目打印在同一个标签上？

A：影响标签上分析项目的因素有容器、容器组及固定剂，只要将两个分析项目的容器、容器组以及固定剂信息保持一致，就可以显示在同一个标签上，可以在"采样准备"－"容器修改"界面同时修改这 3 个信息，详见图 1-13。（回答：区中心　吕保玉）

图 1-13

问题 1-13　现场采样录入结果时，提示格式错误（图 1-14）如何处理？

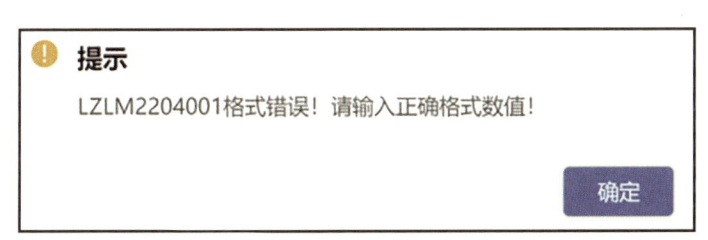

图 1-14

A：项目方法库维护时已规定分析项是数字型还是字符型。解决方式：先确认录入数值的类型是否有问题，如需修改，请与项目方法库维护单位联系修改。另，因字符型的结果无法触发公式计算，因此系统中被公式引用的分析项会设置成数字型。（回答：区中心　李世龙）

问题 1-14　为何指派仪器中没有找到需要的仪器？

A：首先检查有没有多选不同的分析项目，如果多选了，只会显示共用的仪器，会导致部分仪器显示不出来。如果没有多选，则先检查监测能力库中是否有关联仪器设备，关联的仪器设备是否设置为采样、分析等，详见图 1-15；再检查设备管理中该设备仪器状态是否正常，设备检定有效期是否有效，设备使用人是否已经授权（如无须授权，所有人可使用，不要设置使用人）。（回答：来宾中心　徐凡珍）

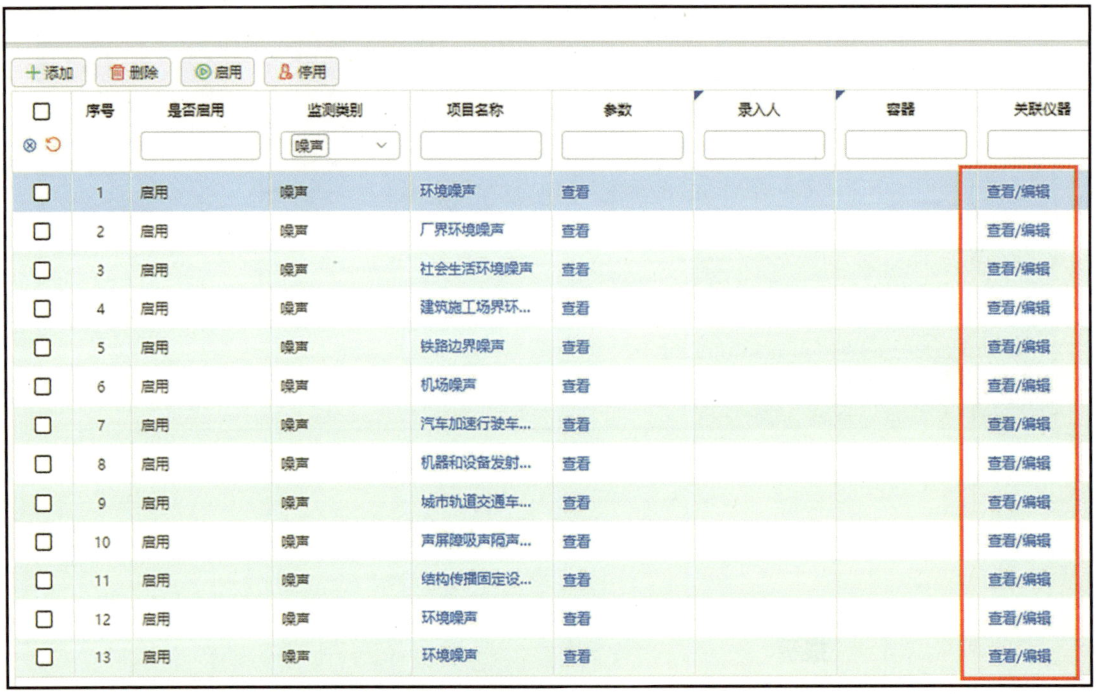

序号	是否启用	监测类别	项目名称	参数	录入人	容器	关联仪器
		噪声					
1	启用	噪声	环境噪声	查看			查看/编辑
2	启用	噪声	厂界环境噪声	查看			查看/编辑
3	启用	噪声	社会生活环境噪声	查看			查看/编辑
4	启用	噪声	建筑施工场界环...	查看			查看/编辑
5	启用	噪声	铁路边界噪声	查看			查看/编辑
6	启用	噪声	机场噪声	查看			查看/编辑
7	启用	噪声	汽车加速行驶车...	查看			查看/编辑
8	启用	噪声	机器和设备发射...	查看			查看/编辑
9	启用	噪声	城市轨道交通车...	查看			查看/编辑
10	启用	噪声	声屏障吸声隔声...	查看			查看/编辑
11	启用	噪声	结构传播固定设...	查看			查看/编辑
12	启用	噪声	环境噪声	查看			查看/编辑
13	启用	噪声	环境噪声	查看			查看/编辑

图 1-15

在“关联仪器”界面添加需要关联的仪器，根据实际情况选择仪器的分析类型：前处理、采样、分析及辅助仪器，详见图 1-16。（回答：区中心　李世龙）

☐	仪器名称	站内编码	是否默认	分析类型	规格型号
☐	多功能声级计	1207040	否	采样	AWA6228
☐	多功能声级计	1207050	否	采样	AWA6228
☐	多功能声级计	1207060	否	采样	AWA6228
☐	多功能声级计	1207070	否	采样	AWA6228
☐	多功能声级计	1207080	否	采样	AWA6228
☐	多功能声级计	1207090	否	采样	AWA6228
☐	多功能声级计	1207100	否	采样	AWA6228
☐	多功能声级计	1207110	否	采样	AWA6228+
☐	多功能声级计	1207120	否	采样	AWA6228+
☐	多功能声级计	1207130	否	采样	AWA6228+
☐	多功能声级计	1207140	否	采样	AWA6228+
☐	噪声统计分析仪	1205010	否	采样	AWA6218A+
☐	噪声统计分析仪	1205020	否	采样	AWA6218A+
☐	噪声统计分析仪	1205030	否	采样	AWA6218A+
☐	声校准器	1201010	否	采样	AWA6221A
☐	声校准器	1201020	否	采样	AWA6221A
☐	声校准器	1201030	否	采样	AWA6221A
☐	声校准器	1201040	否	采样	AWA6221A
☐	声校准器	1201050	否	采样	AWA6221A
☐	声校准器	1201060	否	采样	AWA6221A
☐	声校准器	1201070	否	采样	AWA6221A

图 1-16

问题 1-15 现场监测没有用到设备怎么办？

A：仪器设备管理员在仪器设备管理菜单中，自行添加一条仪器编号和仪器名称均为 N/A 的仪器数据，现场监测没有使用设备时，可在"指派仪器－仪器管理"界面选择仪器名称为 N/A 的数据行，详见图 1-17。（回答：贵港中心　邓嫔卿）

图 1-17

问题 1-16　采样记录预览界面，报表格式为何错位？

A：由于报表开发工具的设定规则，必须将采样记录导出为 PDF 格式才可预览正常。（回答：区中心　吕博伟）

问题 1-17　现场采样时如何取消部分监测点位或样品？

A：可使用"现场采样"-"数据录入"界面的"终止"功能，该功能分为终止点位、终止样品，请根据实际情况选择，详见图 1-18。（回答：区中心　黄红铭）

图 1-18

问题 1-18　常规任务能否自动生成采样量？

A：可以使用批录入功能，统一录入采样量，再修改硫化物、汞等比较特殊的项目的采样量。（回答：来宾中心　罗红宁　徐凡珍　）

问题 1-19　采样原始记录容器信息的参数名称为何不显示（见图1-19）？

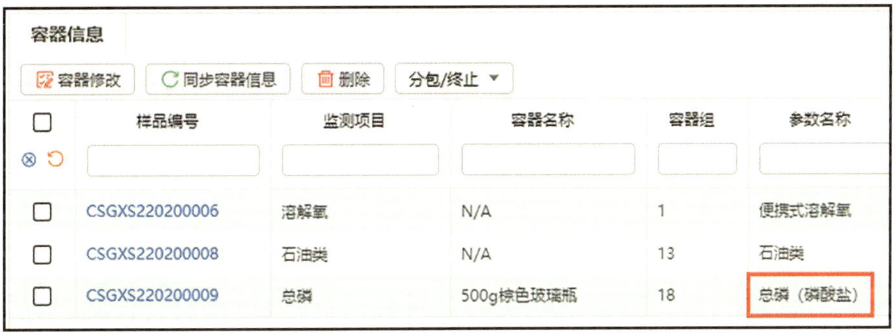

图 1-19

A1：原因是先把该项目添加到监测模板后，又将其从监测能力库删除后再重新添加，导致系统关联匹配不上。解决方式：重新维护监测模板该项目，删除后重新添加，然后将该任务退回至监测计划，重新添加，详见图1-20和图1-21。（回答：区中心　周勤）

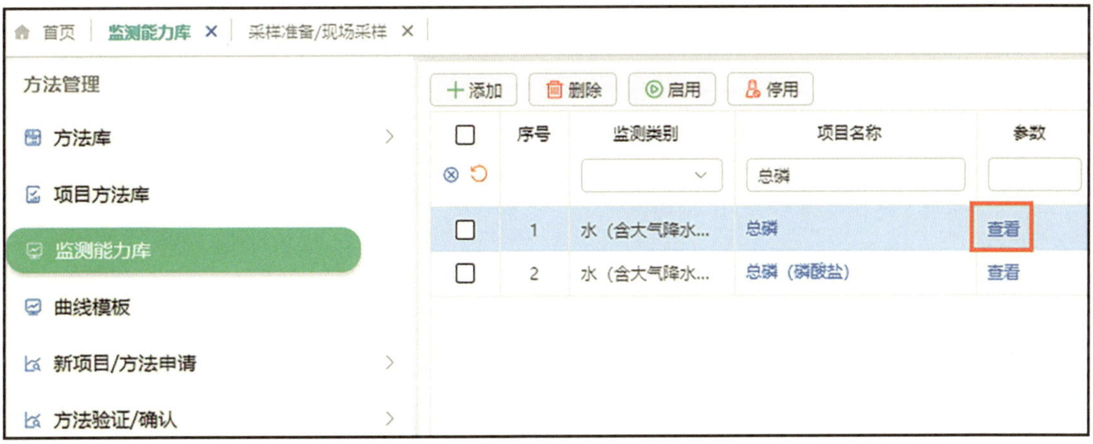

图 1-20

图 1-21

A2：需要联系维护方法库的单位，让该单位系统管理员在"项目方法库"菜单中选择参数选项卡，进入参数管理界面，在"报告中显示参数名称"选项卡输入正确的参数名称后，容器信息的参数名称就能正确显示在原始记录中。标签同理。（回答：桂林中心　黎淼　来宾中心　罗红宁）

问题 1-20　为何编制监测计划时无法选择监测模板？

A：先搜索监测模板菜单，选择样品类型添加监测方案，再在监测点类型界面关联添加的监测模板，即可下拉选择，详见图 1-22 和图 1-23。（回答：区中心　吕保玉）

图 1-22

图 1-23

问题 1-21　为何采样时未按照维护信息分瓶？

A：原因可能有两种：一是容器信息处没有对所有项目进行维护；二是容器信息处维护的方法与监测计划编制时选择的方法不一致。（回答：贵港中心　邓嫔卿）

问题 1-22　现场采样人员有 3 个以上，如何提交采样校核？

A：在现场采样提交至采样互审时，提交人可选择多个人员，所有人员点通过后，方能提交至采样校核处，详见图 1-24。（回答：区中心　潘汉城）

图 1-24

问题 1-23　采样准备阶段，删除点位和样品可以恢复吗？

A：不可以。采样准备界面删除点位和样品用于现场监测时发现工况不符合

017

或等其他无法采集到样品时，现场监测人员可现场更变监测计划。该界面会弹出两次"请确认是否删除"的对话框，并提示"请确认是否删除该点位，删除后数据无法恢复！！！"，详见图1-25。如果仅有1个监测点位是无法删除的，详见图1-26。（回答：区中心　黄红铭）

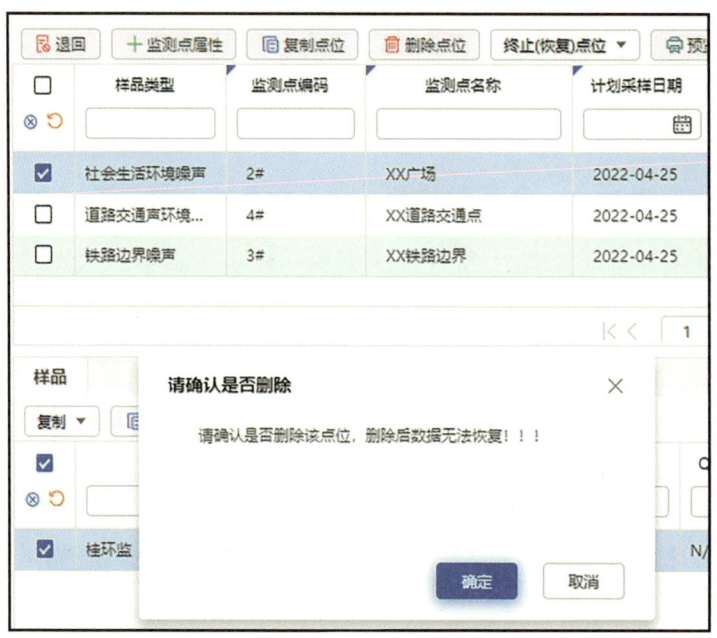

图1-25

图1-26

问题 1-24　为何现场采样记录中采样瓶材质一栏显示空白？

A：系统管理员先在"容器类型"菜单进行容器材质维护，维护完成后，容器材质就能正确显示在原始记录中，详见图 1-27。（回答：桂林中心　黎淼　蒋明）

图 1-27

问题 1-25　为何无法选择某用户作为项目负责人和采样人？

A：此问题一般在新注册用户后出现，除了需要在"组织部门"和"用户管理"界面维护所属科室和权限之外，还需要在"人员管理"界面添加新注册用户，纳入管理之后才能分配任务。（回答：来宾中心　徐凡珍）

问题 1-26　查询采样单时，为何采样单项目个数与实际不符？

A：例如无机阴离子（硫酸盐、硝酸盐、氟离子、氯离子），现只显示单个元素或元素减少了，是因为在分析录入时，分析人员通过【修改分析项参数功能】

减少或者增加了参数,导致前面采样单也一起变化,但是采样审核通过后生成的采样记录 PDF 文件不会变化。(回答:桂林中心　黄贺铭)

问题 1-27　采样前系统需做哪些准备工作?

A:　监测计划的编制;标准物质领用(需要现场质控样的,如 pH 值等);介质领用(介质准备、TSP\SS 滤膜\滤筒)。(回答:区中心　潘汉城)

问题 1-28　采样可以换方法吗?

A:可以,在编辑测试处可以更换方法,详见图 1-28。(回答:区中心　欧小辉　张海强)

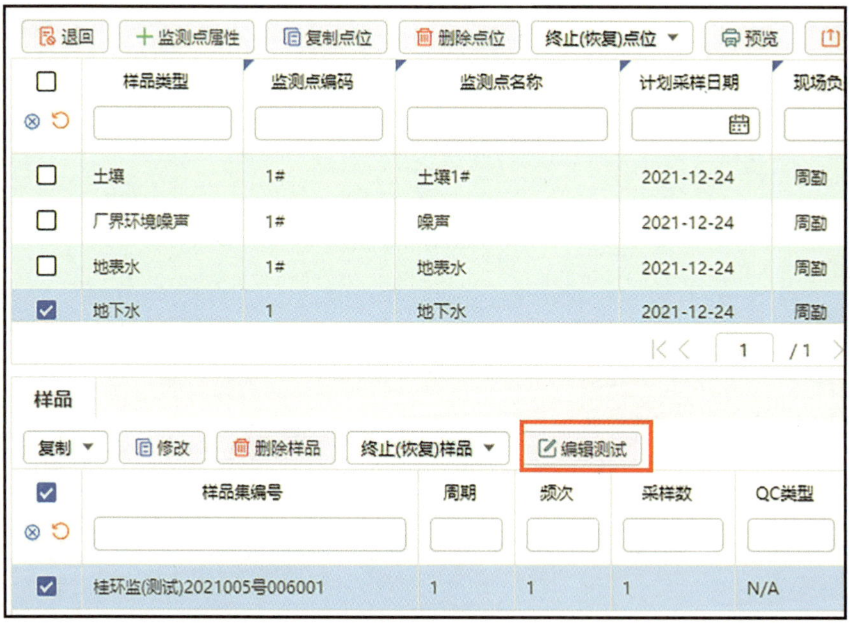

图 1-28

第三节　样品交接与质控

问题 1-29　有些项目临时不需要测定 QC 时怎么处理？

A：入口：主业务流程－样品管理－密码质控样编辑（样品管理员权限），点击"查询"，选择需要取消测定 QC 的任务，在下方"样品"界面勾选质控样行，在右侧"容器信息"界面勾选需要取消测定 QC 的项目，点击"删除"即可，详见图 1-29 和图 1-30。（回答：贵港中心　邓嫔卿　区中心　潘艳）

图 1-29

图 1-30

问题 1-30　密码盲样报数可以报几次？现场平行样可以报几次？

A：密码盲样上报次数由质量管理员在密码质量控制界面设定，平行样没有次数限定，详见图 1-31。每次上报数据系统均会记录。（回答：区中心　潘艳）

图 1-31

问题 1-31　为何使用标准物质时找不到领用的标准物质？

A：分析人员申请领用标准物质时，申请用途需选择为"实验分析"或"其他"，否则在分析录入时无法选择到该标准物质，详见图 1-32；质量管理员下发密码质控样时，标准物质申请用途需选择为"质量控制"，否则分析人员将能看到该密码样的真值。（回答：贵港中心　邓嫔卿　区中心　姜同强）

图 1-32

问题 1-32　标准物质唯一性编号如何打印？

A：在"标准物质管理-标准物质领用-个人领用查询/领用查询（标准物质管理员权限）"界面，勾选需要打印标签的标准物质，点击"预览"即可看到标准物质标签，可根据需要自行选择打印或者导出，详见图 1-33 和图 1-34。（回

答：贵港中心　邓嫔卿　区中心　徐业梅）

图 1-33

图 1-34

问题 1-33　只添加了 1 个密码质控样，为何表单出现多个？

A1：多组分标准物质会出现此情况，如铁和锰分析项目各插入 1 次混标，就会出现 4 个样品，详见图 1-35。解决方式：可在样品交接时或者分析录入时删除多余的参数，只保留 1 个参数即可，详见图 1-36 和图 1-37。（回答：区中心　潘艳）

A2：该项目方法库维护了两个样品结果（如同时维护了"样品浓度"和"样品结果"），可通过"编辑分析项"删除其中的一个，也可以联系项目方法库的维护单位进行修改。（回答：来宾中心　徐凡珍）

023

三、密码平行样测定结果

分析项目	样品编号	样品结果	样品编号	样品结果	相对偏差(%)	分析人员	质控结论
/	/	/	/	/	/	/	/

质量管理员： /

四、密码质控样测定结果

分析项目	标样编号	样品结果	分析人员	质控结论
铁	202314	1.04mg/L	×××	合格
锰	202314	1.78mg/L	×××	合格
铁	202314	1.04mg/L	×××	合格
锰	202314	1.78mg/L	×××	合格

质量管理员： ×××　　　　　　　　　　　　　　2022年07月20日

五、加标回收质控措施

分析项目	样品编号	原样结果	加标量	加标样结果	回收率(%)	分析人员	质控结论

质量管理员： /

图 1-35

图 1-36

图 1-37

024

问题 1-34　为何无法自动判断质控样结果？

A：在"密码质控样信息填写"处，除《土壤和沉积物　无机元素的测定　波长色散 X 射线荧光光谱法》（HJ 780-2015）外，其余分析项目只须在"结果"填写密码质控样结果，无须进行其他操作，后台根据证书值自动判读，结果可在"质控汇总记录查询"中查看判读结果。如果分析项涉及《土壤和沉积物　无机元素的测定　波长色散 X 射线荧光光谱法》（HJ 780-2015），先在"结果"填写密码质控样结果，点击判断质控样，勾选相应分析项，点击"确认"，此时"是否计算准确度"变绿，表示该计算结果已触发 HJ 780-2015 的质控样计算公式，即完成密码质控样结果填写。查询方式同上。

如果误触发 HJ 780-2015 的质控样计算公式，删除该分析项，点击"初始化"，即可重新输入。（回答：区中心　潘艳）

问题 1-35　样品是如何编号的？

A：样品、全程序空白、运输空白、现场空白、现场平行等按体系流水号编号；密码质量质控样和明码质量控制样按标准物质唯一性编号；实验室空白、试剂空白等无须编号，详见表 1-1。（回答：区中心　潘艳）

表 1-1

序号	样品名称	样品编号说明
1	1# 监测断面	流水号
2	全程序空白	流水号
3	运输空白	流水号
4	现场空白	流水号
5	1# 监测断面-现场平行	流水号
6	密码质量控制样	按标准物质唯一性编号
7	1# 监测断面-密码加标	流水号
8	1# 监测断面-密码平行	流水号
9	1# 监测断面-实验室平行	按照父样编号
10	实验室空白	无须编号
11	试剂空白	无须编号
12	1# 监测断面-基体加标	按照父样编号
13	实验室空白加标	无须编号
14	连续校准	无须编号
15	明码质量控制样	按标准物质唯一性编号
16	1# 监测断面-留样复测	按照父样编号

第四节 分析录入

问题 1-36 分析录入时可以修改方法或参数吗？

A：可以修改。在"分析录入－前处理－待处理"界面可以修改方法，在"分析录入－修改待添加批参数"可以修改参数，但此处修改需满足两个条件：一是要将需要切换的方法添加在同一监测模板中，二是项目名称必须完全一致，两个条件都满足的情况下才可以切换方法。（回答：区中心　陈春霏　李丽和）

问题 1-37 在分析录入结果录入中，为何新增的样品无论输入什么内容都提示公式错误，而其他的样品却能正确触发公式？

A：可能是因为实验室空白录入"/"引起计算公式错误，导致后续增加的样品也出现同样的问题，删去有问题的样品，重新录入就能正常触发公式。除备注外，其余的绿色数据录入框都需谨慎录入字符型数据，否则容易造成系统报错。（回答：来宾中心　徐凡珍）

问题 1-38 为何同一个浏览器打开 A/B 两个账号，在 A 账号上添加分析项目到【批列表】，却在 B 账号上出现了新添加的该【批列表】信息？

A：因为在同一个浏览器中打开多个界面，会造成系统内部以最后打开的账号为主。建议使用不同的浏览器打开不同人员的账号。（回答：区中心　潘圣）

问题 1-39 如何在分析录入时修改项目名称？

A：如遇将氟化物（GB/T 7484—1987）换成无机阴离子（HJ 84—2016）中的氟离子，可由系统管理员在"检测项目修改"菜单进行测试项目修改（该功能慎用），修改后无法恢复。建议修改前按照体系文件实施相关程序后再进行修改。

（回答：区中心　付洁）

问题 1-40　分析项单位、修约规则及检出限不对可以修改吗？

A：可以在分析录入界面修改，但只对当前样品、当前分析项有效。如果已明确是项目方法库维护有误，可直接与项目方法库维护单位联系修改。（回答：区中心　卢秋）

问题 1-41　为何分析录入界面找不到分析项目？

A1：系统默认会有数据隔离，需要检查该账号有没有被添加到人员管理界面；检查所分配的人，有没有分析科室权限，详见图1-38。（回答：区中心　韦江慧）检查"人员管理"里，是否添加了该人员，"是否过滤"是否为空，详见图1-39。

图 1-38

图 1-39

A2：该项目还没流转到分析录入阶段或是该项目所有分析项目已被添加了批，同时检查分析任务指派处是否对该项目进行了指派。（回答：区中心 胡造时）

问题 1-42　待处理测试中未找到分析项目该如何处理？

A：可用以下 3 种方式进行排查：一是该分析项目默认分析员不是自己，此时可通过勾选左侧的"显示全部"，将所有待添加批的分析项目显示出来；二是该分析项目已经被自己添加了批，此时可以在右侧按项目寻找，点击前处理编号查看；三是这个分析项目被其他人添加了批，此时可以通过勾选测试批上端的"显示全部"，然后通过筛选框查询对应分析项目有无需要的分析项目，然后联系对应其他分析员将该批次删除，自己再重新添加即可。（回答：区中心 黄宁）

问题 1-43　如何使用多组分溶液配置曲线？在哪里预览？

A：使用多组分溶液曲线配置表时，添加任意一个组分（如无机阴离子只需添加一条硫酸盐或其他组分），随后选中进入多组分溶液曲线配置。按照下图的填写模板填写即可，详见图 1-40 和图 1-41。在分析录入界面，点击"原始记录"即可查看《多组分不同浓度标线配制表》，详见图 1-42。（回答：贵港中心 邓嫔卿）

图 1-40

图 1-41

多组分不同浓度标线配制表

	名称	浓度(mg/L)	编号	标准溶液用量(mL)	配制溶液	定容体积(mL)	配制浓度(mg/L)
标准使用液配制Ⅰ	物质4	1000	D14	10	超纯水	100	100
	物质3	1000	C13	10	超纯水	100	100
	物质2	1000	B12	10	超纯水	100	100
	物质1	1000	A11	10	超纯水	100	100
	名称	浓度(mg/L)	编号	标准溶液用量(mL)	配制溶液	定容体积(mL)	配制浓度(mg/L)
标准使用液配制Ⅱ	物质5	1000	F44	10	超纯水	100	100
标准曲线	分析项目	标准使用液Ⅰ用量(mL)	0	1	2	4	6	/	/	/
		标准使用液Ⅱ用量(mL)	1	1	1	1	1	/	/	/
	定容体积(mL)		100	100	100	100	100	/	/	/
	物质4	浓度(mg/L)	0	1	2	4	6	/	/	/
	物质3	浓度(mg/L)	0	1	2	4	6	/	/	/
	物质2	浓度(mg/L)	0	1	2	4	6	/	/	/
	物质1	浓度(mg/L)	0	1	2	4	6	/	/	/
	物质5	浓度(mg/L)	1	1	1	1	1	/	/	/

图 1-42

问题 1-44　校准曲线的截距斜率修约位数不对，该如何处理？

A：对曲线截距和斜率进行修约设置。（回答：区中心　王锦）

问题 1-45　分析录入时，无法添加质控措施，该如何处理？

A：查看曲线失效日期是否早于当前录入日期，如是，先废除曲线修改日期后再重新发布，刷新页面即可添加；如无问题，检查项目方法库中是否添加该质控措施，联系维护单位重新维护方法；如无上述情况，此时将批列表删除再重新添加即可。（回答：贵港中心　邓嫔卿　区中心　潘艳）

问题 1-46　分析录入时，稀释倍数不可填，该如何处理？

A：查看项目方法库中稀释倍数是否维护了公式，若是，请联系该方法维护单位进行修改。也可以使用批录入功能，强制录入稀释倍数进行计算。（注：批录入仅对当前样品数据录入有效。）（回答：区中心　闭潇予）

问题 1-47　如何将"ND"改为"检出限+L"或其他形式？

A：可使用[批录入]功能，将"检出限+L"填入分析结果中，批录入仅对当前批信息有效，不会对后续的分析录入产生影响。（回答：区中心　刘珂）

问题 1-48　分析录入时，系统没有自动计算或计算错误该如何处理？

A：（1）查看曲线参数名称和样品参数名称是否一致，如是否存在有样品为六价铬，曲线为六价铬-色度校正的情况。如果不一致，需重新绘制相同参数名称的曲线或修改样品参数，两者一致即可触发计算。

（2）曲线失效日期是否为空，如空，废除后完善信息再发布，在结果录入处点击同步模板信息。

（3）检查录入数据是否正确（或者少了），稀释倍数是否设置了错误的修约规则，稀释倍数是否填写了"/"等字符型数据，稀释倍数是否维护了公式。

（4）检查项目方法库中计算公式取的分析项名称与原始记录分析项名称是否一致。样品含量有数值，但是样品结果不计算。出现这种情况是因为样品结果的计算公式中取的分析项名字不正确，如分析项名称为"样品含量"，但是样品结果的计算公式中取的是"含量"，详见图 1-43。此时必须联系该方法的维护单位修改公式。公式修改完成后，在"分析录入-结果录入"界面，将样品含量的分析项编辑掉再重新放出来，点击"是否自动计算"即可。

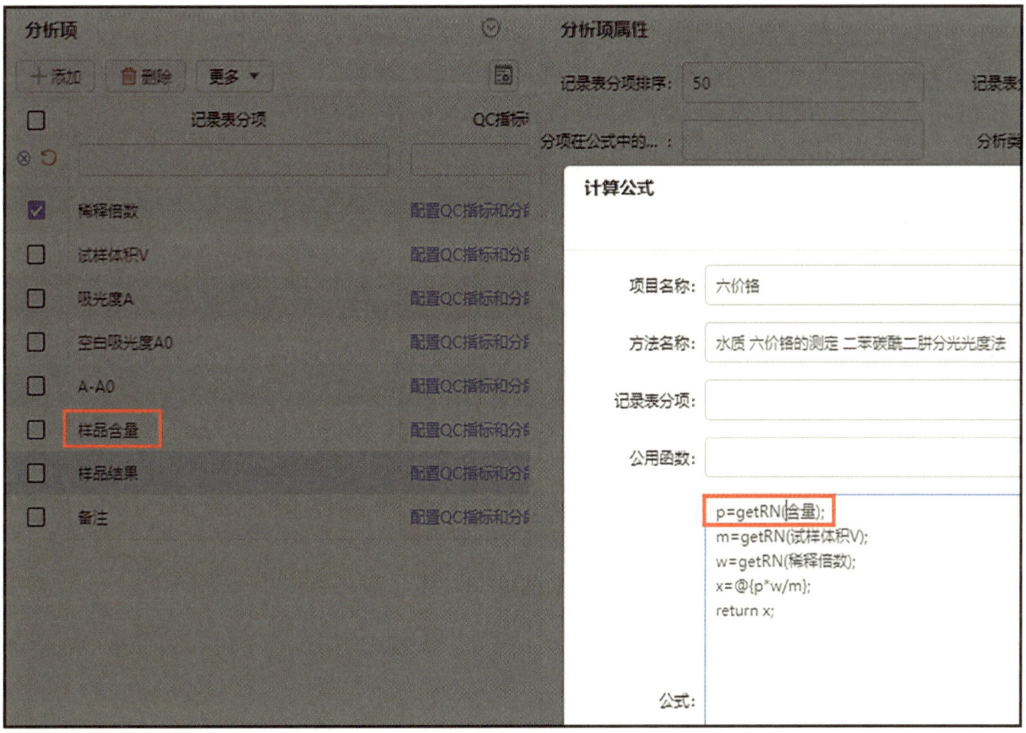

图 1-43

（5）编辑分析项未勾选所需分析项，勾选即可。

（6）若急于提交，可使用［批录入］功能，将正确数值填入结果中，提交。（回答：贵港中心　邓嫔卿）

问题 1-49　为何分析结果未根据曲线进行计算？

A：可能原因有二：一是先录入了结果再选择曲线。处理办法：手动调整下吸光度，让系统重新触发计算。二是曲线失效日期早于分析录入日期，导致无法触发计算。处理办法：将曲线废除后，修改失效日期，再重新发布。在分析录入界面点击同步模板信息即可。（回答：贵港中心　邓嫔卿）

问题 1-50　数值修约不对怎么处理？怎么设置分段修约？

A：如果特殊情况想改修约，可以直接在数据录入界面进行修约调整，此处调整只对当前数据起作用。需要注意的是修改修约规则对已录入的数据不会生效，要删除原数据后再重新输入才能生效，其他类似的情况也是同理，修改设置后要刷新、同步或者重新输入后才能生效。另外也可以使用批录入功能强制输入想要的数据。注意：分段修约的上限一定要填写，碰到无穷大的时候可以直接录入 99999 之类达不到的数值。（回答：区中心　姚苏芝　来宾中心　徐凡珍）

问题 1-51　为何数据采集失败？

A：一是由于仪器采集编号没有对应仪器报告上的编号，需要调整系统的仪器采集编号；二是仪器采集的对照信息没有配置好，需要参考仪器管理 DCU 配置的操作说明进行配置。（回答：区中心　卢秋）

问题 1-52　添加批选择了错误的仪器需要怎么修改？

A：在"分析录入－批信息－分析仪器"中可修改，详见图 1-44。（回答：贵港中心　邓嫔卿）

图 1-44

问题 1-53　回收率、相对偏差等信息没有自动计算怎么处理？

A：（1）先检查数据是否录入正确。

（2）在项目方法库界面，查看对应的分析项"计算质控结果"是否维护为"是"，维护为"否"的分析项是无法进行回收率等计算的。（回答：区中心　潘艳）

问题 1-54　为何超出检出限的实验室空白判定为合格？

A：查看该参数的项目方法库中QC指标中是否维护有实验室空白，如无，联系该项目方法库维护单位进行添加，详见图1-45。（回答：贵港中心　邓嫔卿　区中心　潘艳）

图 1-45

问题 1-55　分析人员能看得出哪些样品类型吗？

A：在"分析录入－待处理"可查看样品类型，详见图 1-46。（回答：贵港中心　邓嫔卿）

图 1-46

问题 1-56　分光光度法 Ln(A-A0) 等如何绘制曲线？

A：如方法中为 A-A0，曲线绘制时空白减样品值为"否"；如方法中为 A0-A，空白减样品值为"是"。（回答：区中心　刘小萍　贵港中心　邓嫔卿）

示例1：绘制 Ln(A-A0) 曲线，以氟化物（GB/T 7484-1987）为例，点击"添加"按钮生成一条曲线绘制记录，是否计算对数选择"是"，完善界面下方信息后点击"回归计算"按钮，系统自动计算曲线。完善曲线相关信息后点击"发布"按钮，则完成曲线绘制，详见图1-47~图1-50。

图 1-47

图 1-48

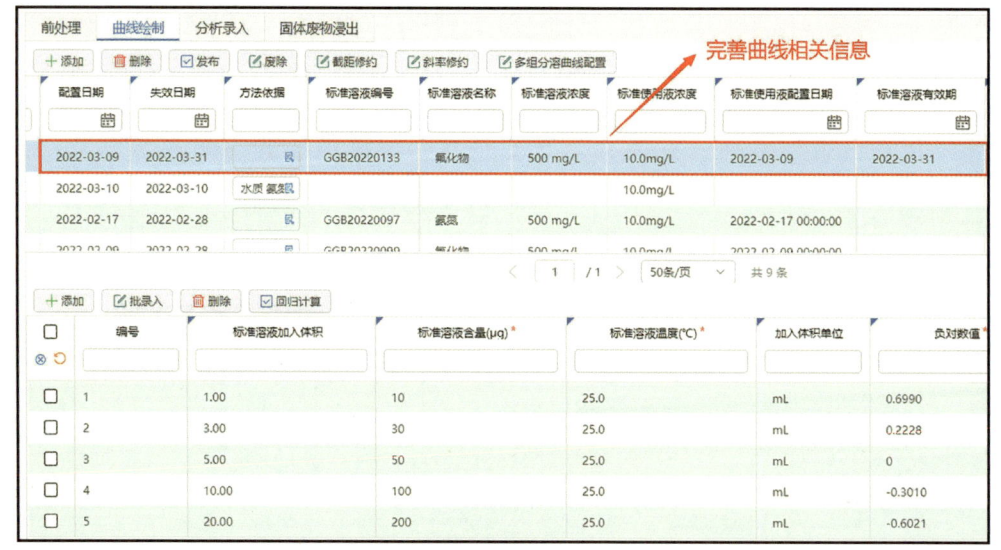

图 1-49

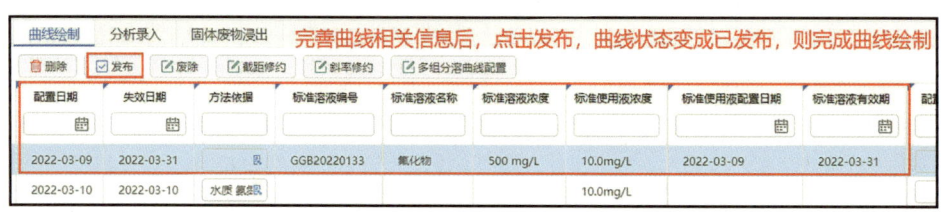

图 1-50

示例2：绘制 Ln(A0/A) 曲线。由于该类型曲线绘制方式比较特殊，系统目前还无法实现全自动换算并计算，可按照图 1-51 的填写方式，先手工计算 Ln(A0/A) 值后，再填入系统中回归计算生成曲线。

图 1-51

问题 1-57　为何溶解性总固体平行样的"介质编号"无法填写？

A：因为此样品的介质编号分析项没有勾选。处理办法：选中该样品，点击上方的"编辑分析项"，将"介质编号"勾选，即可正常填写。（回答：区中心　李世龙）

问题 1-58　有编号的质控样品不出现在样品前处理原始记录表中该如何处理？

A：需先在"分析录入－样品"中添加 QC 样品，再在前处理界面添加。其他未显示的质控样需手工录入，在"前处理步骤"填写界面录入，详见图 1-52。（回答：贵港中心　邓嫔卿）

图 1-52

问题 1-59　如何让质控样不出现在前处理的原始记录中？

A：在前处理界面，点击对应的监测项目的前处理编号处的蓝色字体，进入编辑界面，自行选择需要删除的质控样类型（空白或曲线点或平行）或者样品，删除后将不会显示在前处理的原始记录中。（回答：贵港中心　邓嫔卿）

问题 1-60　只添加 1 次质控样品，为何会出现多个质控？

A：添加质控样时，只须选择一个样品添加质控样，数量填写为 1 即可生成一个质控样。若是选择多个样品或全选样品添加，就会生成多个质控样。（回答：区中心　李青倩）

问题 1-61　删除实验室空白后添加其他质控样品报错，如何处理？

A：添加质控样时系统提示报错，可在批列表处删除批，重新添加批即可。（回答：贵港中心　邓嫔卿）

问题 1-62　系统加标回收率如何计算？

A：（1）加标回收率分析特别需要注意：当样品中待测物含量接近方法检出限时，加标量应控制在校准曲线的低浓度范围；加标量均不得大于待测物含量的3倍；当样品中待测物浓度高于校准曲线的中间浓度时，加标量应控制在待测物质浓度的半量。目前系统计算公式为：加标回收率(%)=（加标样测定结果*取样体积－样品测定结果*取样体积）*100/加标量。

（2）项目方法库维护使用样品结果进行计算质控时，若样品结果未检出，系统默认样品浓度为0；项目方法库维护使用测定值进行质控计算时，若样品结果未检出，系统选择测定值进行计算。（回答：贵港中心　邓嫔卿）

问题 1-63　为何分析录入和数据录入的样品编号不一致（见图 1-53、图 1-54）？

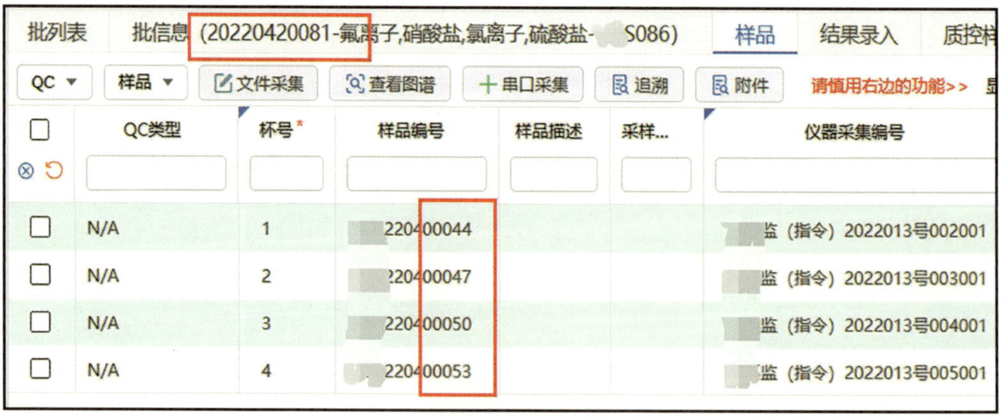

图 1-53

图 1-54

A：问题排查：在样品处勾选"显示参数名称"，查看参数名称发现，样品处显示的样品编号为硫酸盐、硝酸盐、氯离子，而结果录入处显示的样品编号为氟离子。由于样品编号不一致，可初步判定，氟离子与其他三种离子在采样时为两瓶样品，详见图 1-55。

图 1-55

通过任务查询，查看样品接收记录时，发现氟离子单独为一个样品编号，且与分析录入处的编号一致，证实氟离子确实为单独的样品编号。而分析人员在批列表处添加样品时，强行将它们添加为一批，导致样品和分析录入处显示的样品编号不一致，详见图 1-56。正确做法应是，同一编号的样品添加为一批，不同编号的样品单独一批。

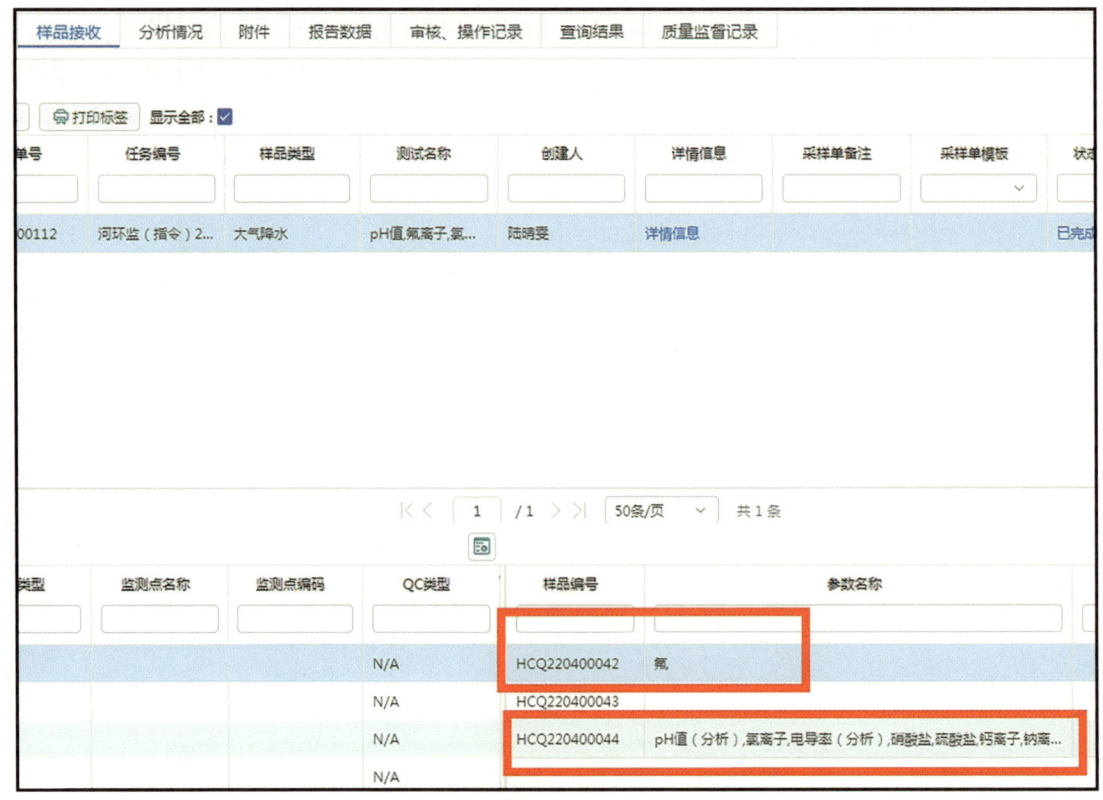

图 1-56

解决方式：可在容器信息处提前维护该样品类型的容器信息，将阴离子维护在同一容器中即可。（回答：贵港中心　邓嫔卿）

问题 1-64　为何有的多组分有机物自动计算结果显示 0.00？

A：添加批的时候没有选择所有项目的检出限，导致系统无法判定样品结果是否为未检出。可全选样品，点击"修改检出限"，选择所有分析项目检出限后，点击自动计算，重新触发判定，即可正常显示。（回答：区中心　梁柳玲）

问题 1-65　录入质控样品时，如何体现测试先后顺序？

A：在"分析录入-样品"处，修改"杯号"，可以将样品和空白等质控样的杯号根据需要调整，原始记录最终结果展示顺序是根据杯号顺序展示的，详见图 1-57 和图 1-58。（回答：贵港中心　邓嫔卿）

| 批列表 | 批信息 (20220420083-无机阴离子-FX-158) | 样品 | 结果录入 | 质控样 |

QC类型	杯号*	样品编号	样品描述	采样日期	仪器采集编号
实验室空白	1	A202204222022...		2022-04-12	A00003795004
实验室空白	2	A202204222022...		2022-04-12	A00003795005
N/A	3	CSGGS2204006...		2022-04-12	贵环监（测试2）
明码质量控制	4	A202204212022...		2022-04-12	A00003795001
实验室空白	5	A202204222022...		2022-04-12	A00003795002
实验室空白	6	A202204222022...		2022-04-12	A00003795003

图 1-57

样品分析

序号	样品编号	样品名称	稀释倍数	检测项目：氯化物 检出限：0.007mg/L 测定值(mg/L)	样品结果(mg/L)	检测项目：硫酸盐 检出限：0.018mg/L 测定值(mg/L)	样品结果(mg/L)	检测项目：硝酸盐（以N计） 检出限：0.004mg/L 测定值(mg/L)	样品结果(mg/L)
1	/	实验室空白	/	/	/	/	/	/	/
2	/	实验室空白	/	/	/	/	/	/	/
3	CSGGS220400681	样品	/	/	/	/	/	/	/
4	GGB20220318	明码质量控制	/	/	/	/	/	/	/
5	/	实验室空白	/	/	/	/	/	/	/
6	/	实验室空白	/	/	/	/	/	/	/

图 1-58

问题 1-66 部分项目分析记录已提交至报告编制，如何退回？

A：在"查询–分析记录查询"菜单，由分析人员本人申请退回到分析审核，再由分析审核人员退回到分析人员账号。注：已生成报告编制数据的任务，分析记录只能由报告编制人退回到分析审核。（回答：区中心　叶开晓）

问题 1-67 分析录入后，预览记录为何出现分析项缺失？

A：可从以下几方面进行排查：（1）在"分析录入—待处理—修改待添加批参数"界面，确认已选择正确的测试参数（比如重金属有全量和可溶态之分），如果测试参数未正确维护，联系维护单位及时维护；（2）在"分析录入—批信息"

界面，确认报表模板是否正确；（3）在"分析录入—结果录入—编辑分析项"界面，确保必要的分析项都选中；（4）在"分析录入—结果录入"界面，点击同步模板信息。（回答：来宾中心　罗红宁）

问题 1-68　为何稀释倍数 < 3 时样品结果计算错误？

A：因为稀释倍数维护了检出限，小于检出限的时候，按检出限的一半参与计算。项目方法库问题请根据《自治区生态环境监测中心关于广西生态环境监测质量管理系统上线试运行的通知》附件3找维护单位对该方法进行维护。（回答：区中心　陈春霁）

问题 1-69　如图 1-59 所示，为何未添加的多元素质控样质控结论不合格？如何解决？

分析项目	标样编号	标样值 (mg/L)	样品结果 (mg/L)	质控结论
氟离子	GXB20220297	2.13±0.08	/	不合格
氯离子	GXB20220297	12.5±0.3	12.5	合格
硫酸盐	GXB20220297	17.7±0.6	/	不合格
硝酸盐	GXB20220297	1.83±0.14	1.83	合格
氟离子	GXB20220189	2.13±0.08	/	不合格
氯离子	GXB20220189	12.5±0.3	/	不合格
硫酸盐	GXB20220189	17.7±0.6	17.7	合格

图 1-59

A：操作步骤如下：

（1）勾选"明码质控"这一行，点"编辑分析"项，详见图1-60。

图 1-60

（2）取消勾选不需要的质控元素的样品结果分析项，点"确认"，这样质控判定就不抓取此元素的样品结果，详见图1-61。（回答：桂林中心 黄贺铭）

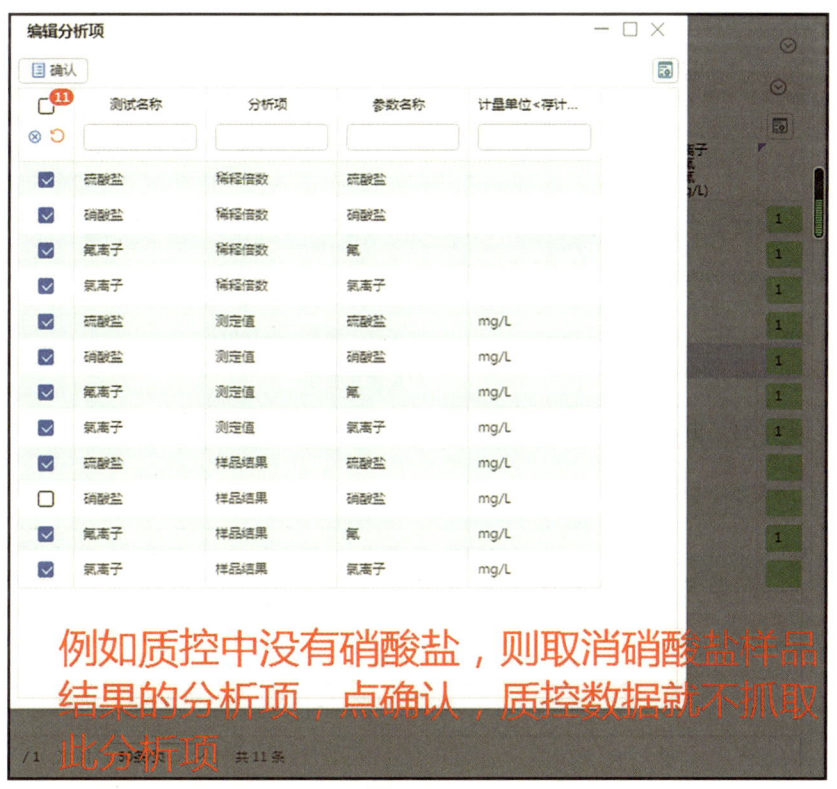

图 1-61

问题 1-70　为何采样单和分析记录的“样品名称”未关联（见图 1-62、图 1-63）？

GEM/JSJL-CY-205（1）-2022

监测机构名称：　广西壮族自治区生态环境监测中心

固定污染源排气中颗粒物物采样原始记录表

任务名称：　自认定　　　　　　　　　　　　　　采样日期：

方法依据：　固定污染源排气中颗粒物测定与气态污染物采样方法GB/T 16157-1996及修改单，，固定污染源废气—氧化碳的测定　　定电位电解法HJ 973-2018　　天气状况：

采样器型号：　3012H　　　　　　　　　　　　　采样器编号

样品名称	断面形状及尺寸（m）	采样位置	测点数量	介质编号	样品编号	采样开始时间（时:分）	采样时长（min）	烟温（℃）	含湿量（%）	静压（kPa）
回转窑脱硫出口1	圆形，内径2m	下游距弯头15m处	4	GXLT2204001	CSGXQ220300071	08:00	20	100	10.0	-0.02
			4	GXLT2204002	CSGXQ220300077	09:00	20	101	9.0	-0.01
脱硫出口	矩形，2*2m	下游距离弯头5m处	6	GXLT2204003	CSGXQ220401085	10:00	30	100	10.0	-0.02
					CSGXQ220500797					
					CSGXQ220500798					

图 1-62

GEM/JSJL-FX-108（1）-2022

监测机构名称：　广西壮族自治区生态环境监测中心

重量分析原始记录表

任务名称：自认定

方法依据：固定污染源排气中颗粒物测定与气态污染物采样方法 GB/T 16157-1996及修改单

恒重条件：105℃条件下，在烘箱中烘1h后放到干燥器中冷却至室温　　室温：22℃

仪器Ⅰ名称及型号：鼓风干燥箱/101-3-BS　　仪器Ⅰ编号：2412010

仪器Ⅱ名称及型号：/　　仪器Ⅱ编号：/

天平名称及型号：电子天平/AB204-S　　天平编号：2004010

序号	介质编号	样品名称	样品编号	样品体积（L）	介质恒重（g）	介质加	
						1	2
1	GXLT2204001	样品	CSGXQ220300071	350.0	1.0020	1.0075	1.0071
2	GXLT2204002	样品	CSGXQ220300077	330.0	1.0025	1.0046	1.0046
3	GXLT2204003	样品	CSGXQ220401085	400.0	1.0030	1.0678	1.0678

分析人：　×××　　　　　　　　　　校核人：

2022年04月29日　　　　　　　　　　年　　月　　日

图 1-63

A：分析记录中，样品名称有固定的命名方式：样品、实验室空白、明码质量控制、连续校准、实验室平行等，分析录入阶段样品信息默认不显示，提交至分析校核阶段，样品信息才能显示完全。（回答：桂林中心　黎淼）

问题 1-71　如图 1-64 所示，使用多组分功能发布曲线预览发现错误，该如何处理？

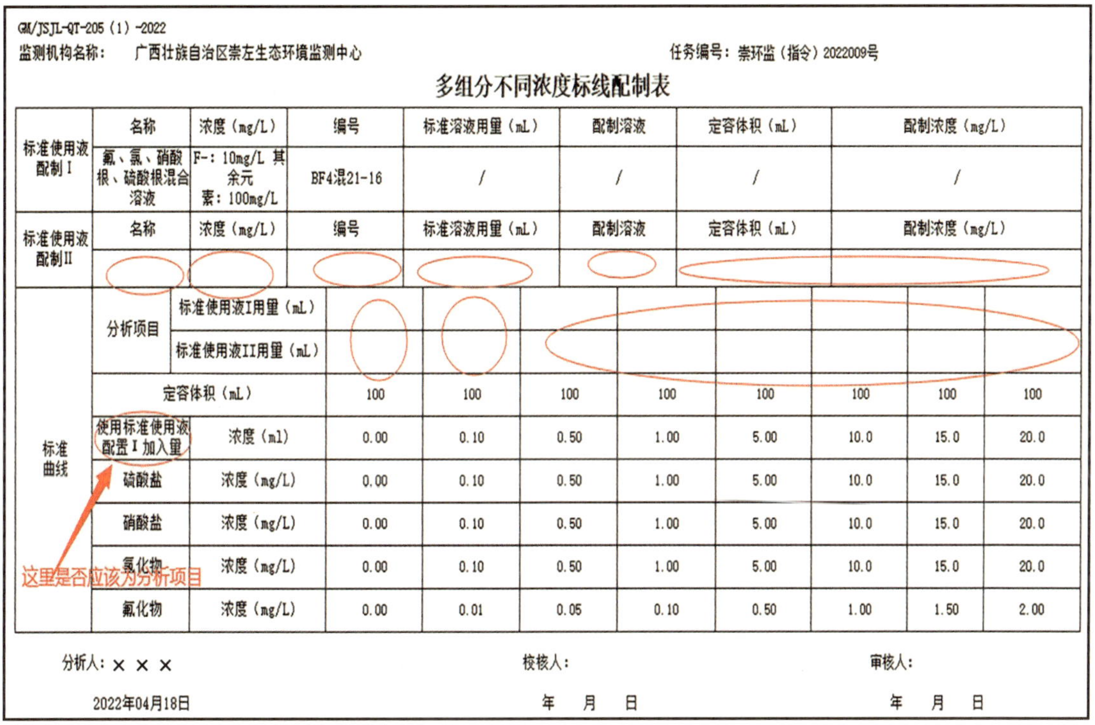

GM/JSJL-QT-205（1）-2022

监测机构名称：　广西壮族自治区崇左生态环境监测中心　　　　任务编号：崇环监（指令）2022009号

多组分不同浓度标线配制表

	名称	浓度（mg/L）	编号	标准溶液用量（mL）	配制溶液	定容体积（mL）	配制浓度（mg/L）
标准使用液配制 I	氟、氯、硝酸根、硫酸根混合溶液	F-：10mg/L 其余元素：100mg/L	BF4混21-16	/	/	/	/
标准使用液配制II	名称	浓度（mg/L）	编号	标准溶液用量（mL）	配制溶液	定容体积（mL）	配制浓度（mg/L）

标准曲线										
	分析项目	标准使用液I用量（mL）								
		标准使用液II用量（mL）								
	定容体积（mL）		100	100	100	100	100	100	100	100
	使用标准使用液配置Ⅰ加入量	浓度（ml）	0.00	0.10	0.50	1.00	5.00	10.0	15.0	20.0
	硫酸盐	浓度（mg/L）	0.00	0.10	0.50	1.00	5.00	10.0	15.0	20.0
	硝酸盐	浓度（mg/L）	0.00	0.10	0.50	1.00	5.00	10.0	15.0	20.0
	氯化物	浓度（mg/L）	0.00	0.10	0.50	1.00	5.00	10.0	15.0	20.0
	氟化物	浓度（mg/L）	0.00	0.01	0.05	0.10	0.50	1.00	1.50	2.00

分析人：×××　　　　校核人：　　　　审核人：

2022年04月18日　　　　年　月　日　　　　年　月　日

图 1-64

A：在“曲线绘制”，选择“多组分溶液曲线配置”时，添加后，系统会自动带出三个默认的参数：“定容体积”“使用标准溶液Ⅰ加入量”“使用标准溶液Ⅱ加入量”，这三个参数不能手动修改。因为将“使用标准溶液Ⅰ加入量”改成了“使用标准溶液配置Ⅰ加入量”，故该参数出现在分析项中，详见图 1-65。解决办法：重新添加一条曲线绘制，按照要求进行操作。（回答：来宾中心　罗红宁）

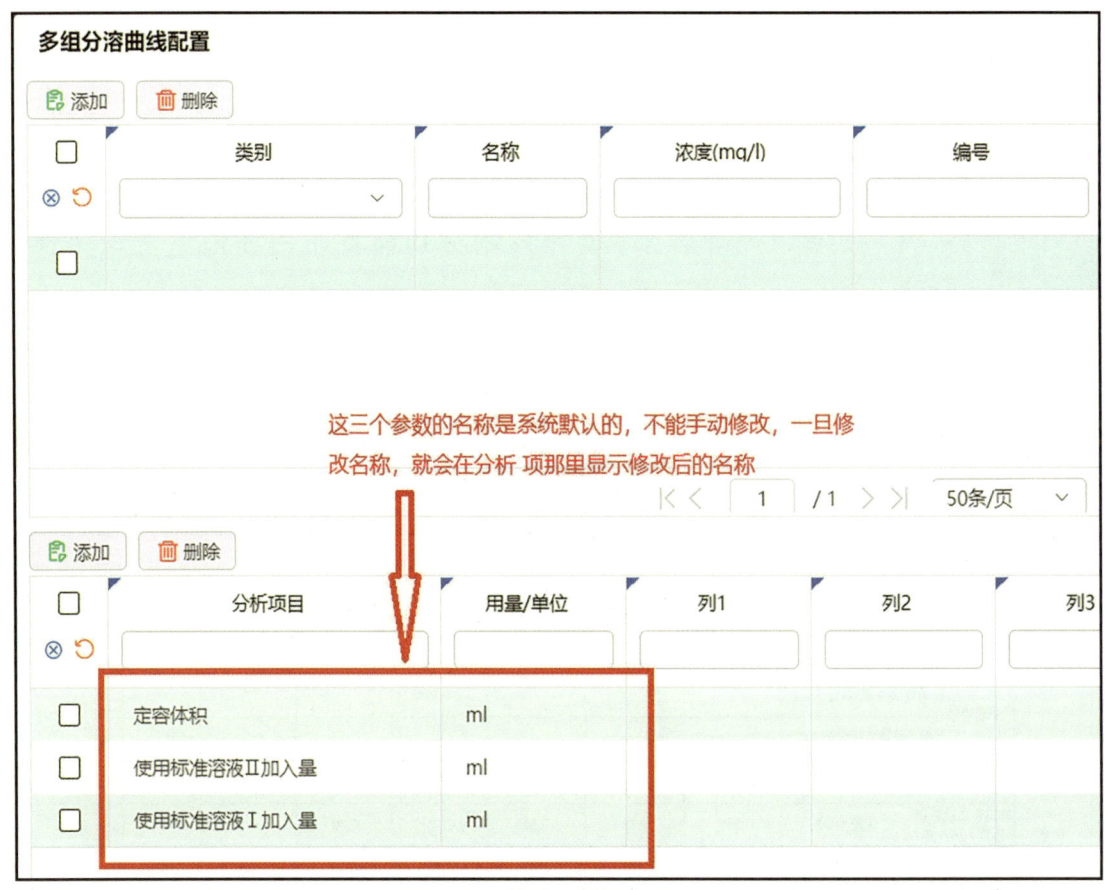

图 1-65

第五节 报告编制与存档

问题1-72 采样审核或分析审核通过后找不到报告，该如何处理？

A：（1）任务下达与分析任务指派时都没有指定"报告编制人"，导致系统最后不知道要给谁编制报告，故报告消失。解决方式：在项目信息修改处选择报告编制人。

（2）若仍无法找到数据，请与运维单位联系恢复。（回答：贵港中心　邓嫔卿）

问题1-73 报告中出现多余的分析项数据如何处理？

A：将该项目方法库中分析项在报告中显示改为"否"即可。（回答：区中心　吕保玉）

问题1-74 为何功能区噪声报告里监测结果的格式不对？

A：功能区噪声报告模板是按照GB 3096-2008里的参数内容"在报告中显示名称"进行过滤的，查看编制报告里的方法和3096方法里的参数内容"在报告中显示名称"是否一致，如果不一致，改为一致，即可生成正确的报告版式。（回答：贵港中心　邓嫔卿）

问题1-75 如何找到报告编制阶段退回的采样单？

A：报告编制阶段退回的采样记录单可以在"现场采样－退回"中找到，谁添加的采样单就在谁的账号上。（回答：区中心　黄红铭）

问题1-76 如何知道哪些报告是被退回来的，如何查看退回原因？

A：如果报告被退回，状态栏的颜色会变成红色，然后点击可以在弹出界面查看退回原因，详见图1-66。（回答：区中心　何东明）

图 1-66

问题 1-77 报告编制时，发现委托方或受检方信息有误，如何修改？

A：由系统管理员在"项目信息修改"界面进行修改，详见图 1-67。（回答：区中心 姜同强）

图 1-67

第二章

静态数据

问题 2-1　多项目方法如何添加，注意事项有哪些？

A：按照"方法名称＋项目＋章节号＋方法"进行添加，方法名称的书写规则可参考培训课程中《监测方法名称的书写规则》，详见图 2-1。（回答：区中心　潘艳）

项目名称	项目类型	参数	方法名称	方法编号
			饮用水	
氨氮	无机常规	查看	生活饮用水标准检验方法 无机非金属指标（11.1 氨（以N计）纳氏试剂分光光度法）	GB/T 5750.5-2023
氨	无机常规	查看	生活饮用水标准检验方法 无机非金属指标（11.1 氨（以N计）纳氏试剂分光光度法）	GB/T 5750.5-2023
丙烯酰胺	有机	查看	生活饮用水标准检验方法 第8部分：有机物指标（13.2 丙烯酰胺 气相色谱法）	GB/T 5750.8-2023
百菌清	有机	查看	生活饮用水标准检验方法 第9部分：农药指标（12 百菌清 毛细管柱气相色谱法）	GB/T 5750.9-2023

图 2-1

问题 2-2　如何使用监测模板？

A：入口：全面资源管理－主业务静态数据－监测模板－监测模板，详见图 2-2。监测模板用于系统给监测因子的打包，方便任务下达人员直接从系统选择监测因子进行任务下达。

图 2-2

界面上方为系统对应监测模板组的维护，可以定义模板组下面的样品类型，如水和废水模板组下面有地表水、饮用水、废水等，空气和废气模板组下面有环境空气、油烟、锅炉废气、有机废气等。表格下方对具体样品类型的监测因子打包方案。点击添加按钮，可以给对应样品类型添加监测因子。系统默认第一个方案的名称为：Default。后续再打包方案的时候，所有的监测因子只能在Default里面包含的监测因子中选择，所以Default方案里面尽量齐全，详见图2-3和图2-4。（Default里为监测能力库中所有合适的方法）

图2-3

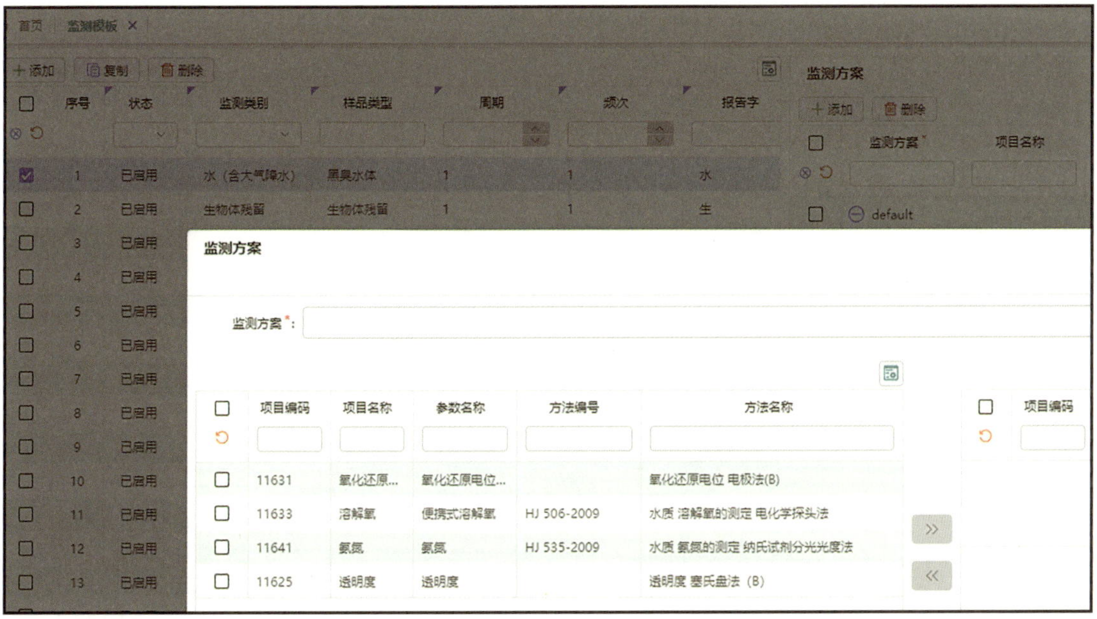

图2-4

将需要添加的监测因子选到右边,点击保存即可完成一个监测方案的打包,详见图2-5。

图2-5

在此基础上,我们可以给废水打包不同的方案,详见图2-6。

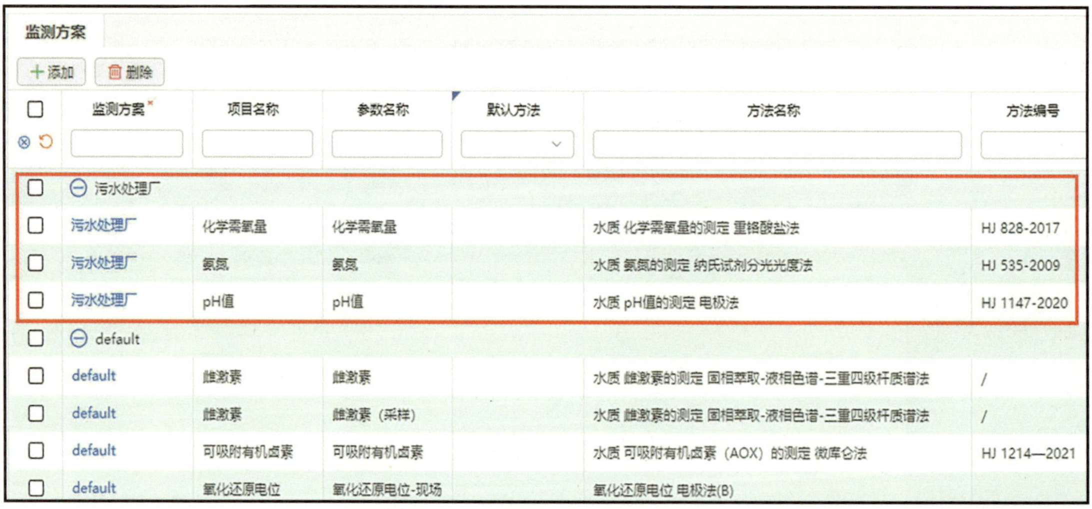

图2-6

如果需要编辑某个方案里面包含的监测因子内容,可以直接点击蓝色的监测方案一列,进入到监测方案界面编辑,详见图2-7。(回答:区中心　陈洋)

图 2-7

问题 2-3　监测点类型已设置，但监测点管理维护时选不到，该如何处理？

A：在监测点类型界面，给对应的监测点类型关联添加你的监测模板，在监测点管理即可选择，详见图 2-8 和图 2-9。如果没有关联，则不会显示在监测点管理中。（回答：区中心　陈洋）

图 2-8

图 2-9

问题 2-4 同一方法的现场与实验室分析如何分开？

A：可参考 GB/T 6920-1986 的维护方式，在项目方法库中将现场和实验室分析维护成两条参数即可，详见图 2-10。（贵港中心　邓嫔卿）

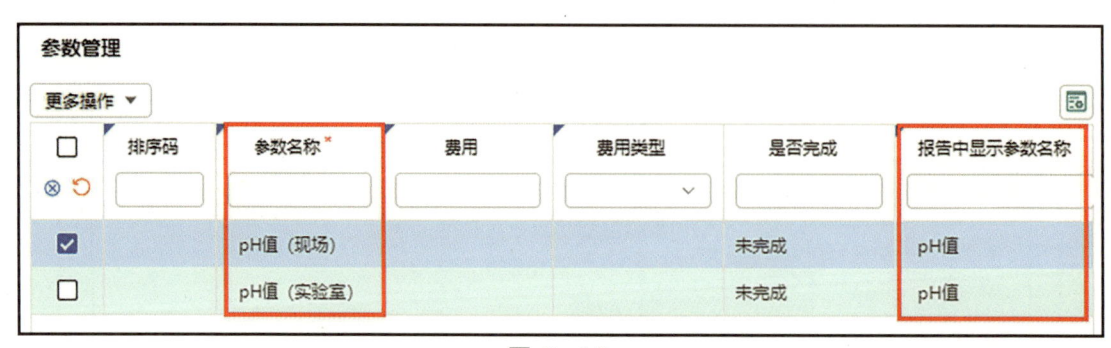

图 2-10

问题 2-5　监测能力库无法添加资质证书上的方法，该如何处理？

A：（1）核实项目方法库中是否有该方法。若无，进行下一步操作；若有，直接跳到第（5）步。

（2）核实方法库中是否有该方法。若无，进行下一步操作；若有，直接跳到第（4）步。

方法库如图 2-11 所示，可查看全区方法信息，在搜索栏进行搜索。

图 2-11

点击方法名称（蓝色字体），可以查看方法的详细信息，详见图 2-12。

图 2-12

注意事项：查询方法库中是否已存在该方法（先按方法编号简称再按方法名称关键词进行搜索，符号错误会导致搜索不出），方法名称的书写方式参考系统上培训课程《监测方法名称书写规则》，其他内容可参考库中已有的方法的书写方式，避免重复添加或格式错误。

（3）添加方法。

方法编辑界面可以添加新方法编辑、修改被退回来的方法，新方法由各中心自行编辑并提交至方法审核（区中心管理员审核，一定要提交到审核），不合格的方法会退回至方法编辑界面，详见图2-13。提交后请在用户反馈中登记提交了哪些方法，以便区中心人员对不合格方法的内容进行反馈。

图 2-13

点击"添加"按钮，完善弹出信息，点击"确定"可以生成一条方法记录，详见图2-14。

图 2-14

记录生成后，点击方法名称，完善方法的详细信息（适用范围一定要选择，打 ** 的为必填），详见图 2-15。

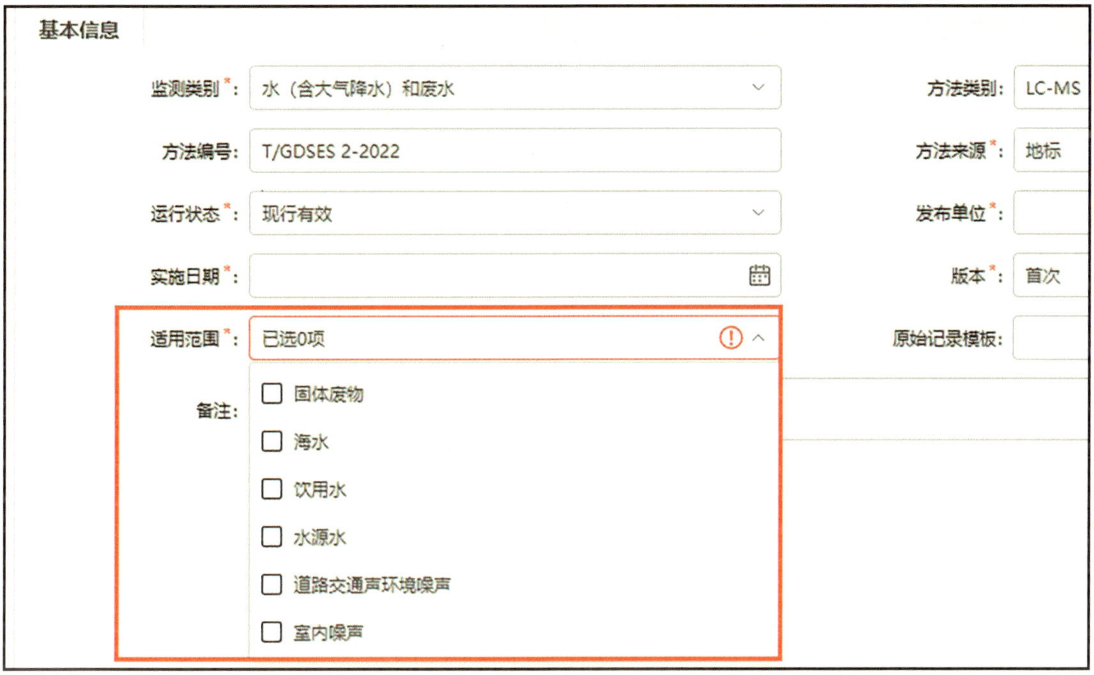

图 2-15

（4）添加项目方法库（为全区共用）。

项目方法库只能由区中心管理员添加新的记录，参数由各个中心自行添加。须先在用户反馈上进行登记，格式参考资质能力附表，由区中心管理员核对后统一添加，如果提交的附表不符合要求，区中心会在用户反馈上进行反馈。

其他注意事项：

① 项目方法库中的项目名称是按照方法名称设定的，而不是按照资质附表，因每个中心的资质附表不同。

② 添加参数需要注意：如果项目"挥发性有机物"中有"氯仿"等多种参数，当资质范围不覆盖所有的参数时，可以在项目方法库中"更多操作"——"关联机构"设置单位名称。例如 35 种挥发性有机物中有 5 个参数区中心有资质，则只选择这 5 种参数关联机构到区中心即可，其他参数不要关联，详见图 2-16。

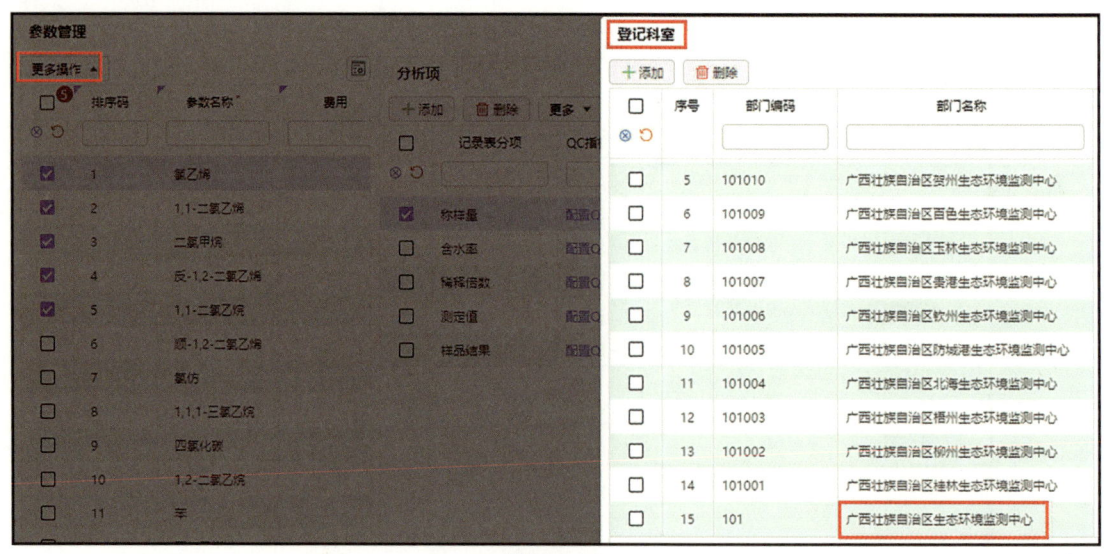

图 2-16

（5）添加监测能力库（资质附表）。

在监测能力库中点击"添加"按钮，选择项目方法库信息添加到本机构的监测能力库中，详见图 2-17。该权限角色为各中心"质量管理员""项目方法库管理员"。（回答：区中心　姜同强）

图 2-17

问题 2-6　方法适用范围选不全，该怎么办？

A：方法适用范围和监测模板中的样品类型相关联，监测模板中需要有该适用范围才能在方法适用范围中选择，可参考图 2-18 和图 2-19 的样品类型进行监测模板的维护。（回答：贵港中心　邓嫔卿）

图 2-18

序号	状态	监测类别	样品类型	周期	频次	报告字	样品类型编码
1	已启用	生物体残留	生物体残留	1	1	生	G
2	已启用	固体废物	固体废物	1	1	固	G
3	已启用	海水	海水	1	1	水	S
4	已启用	水（含大气降水）和废水	饮用水	1	1	水	S
5	已启用	水（含大气降水）和废水	水源水	1	1	水	S
6	已启用	噪声	道路交通声环境噪声	1	1	声	Z
7	已启用	噪声	室内噪声	1	1	声	Z
8	已启用	噪声	声屏障	1	1	声	Z
9	已启用	噪声	站台噪声	1	1	声	Z
10	已启用	海洋沉积物	海洋沉积物	1	1	固	T
11	已启用	噪声	铁路边界噪声	1	1	声	Z
12	已启用	噪声	机场噪声	1	1	声	Z
13	已启用	水（含大气降水）和废水	地下水	1	1	水	S
14	已启用	水（含大气降水）和废水	大气降水	1	1	水	S
15	已启用	水（含大气降水）和废水	天然水	1	1	水	S
16	已启用	水（含大气降水）和废水	生活污水	1	1	水	S
17	已启用	振动	振动	1	1	声	Z
18	未启用	机动车排放污染物	机动车排放污染物	1	1	气	Q
19	已启用	水（含大气降水）和废水	河流湖库	1	1	水	S
20	已启用	生物	生物	1	1	生	S
21	已启用	固体废物	城市污泥	1	1	固	G
22	已启用	固体废物	固废浸出液	1	1	固	G
23	已启用	土壤和水系沉积物	土壤	1	1	固	T
24	已启用	煤质	煤质	1	1	固	G
25	已启用	土壤和水系沉积物	沉积物	1	1	固	T
26	已启用	室内空气	室内空气	1	1	气	Q
27	已启用	环境空气和废气	有组织废气	1	1	气	Q
28	已启用	环境空气和废气	无组织废气	1	1	气	Q
29	已启用	环境空气和废气	环境空气	1	1	气	Q
30	已启用	水（含大气降水）和废水	地表水	1	1	水	S
31	已启用	水（含大气降水）和废水	废水	1	1	水	S

图 2-19

问题 2-7　项目方法库中如何查看维护单位？

A：在项目方法库－备注列可查询该方法的维护单位，详见图 2-20。（回答：贵港中心　邓嫔卿　区中心　姜同强）

方法名称	方法编号	前处理...	溶液配置	绘制曲线	备注
环境空气 挥发性有机物的测定 罐采样/气相色谱-质谱法	HJ 759-2023	查看/编辑	查看/编辑	查看/编辑	维护单位：区中心测
水质 无机阴离子（F⁻、Cl⁻、NO₂⁻、Br⁻、NO₃⁻、PO₄³⁻、SO₃²⁻、S...	HJ 84-2016	查看/编辑	查看/编辑	查看/编辑	维护单位：区中心测
水质 无机阴离子（F⁻、Cl⁻、NO₂⁻、Br⁻、NO₃⁻、PO₄³⁻、SO₃²⁻、S...	HJ 84-2016	查看/编辑	查看/编辑	查看/编辑	维护单位：区中心测
微囊藻毒素 高效液相色谱法		查看/编辑	查看/编辑	查看/编辑	维护单位：防城港中
水、土中有机磷农药测定的气相色谱法	GB/T 14552-2003	查看/编辑	查看/编辑	查看/编辑	维护单位：柳州中心
臭和味 文字描述法（B）		查看/编辑	查看/编辑	查看/编辑	维护单位：柳州中心
臭和味 臭阈值法（B）		查看/编辑	查看/编辑	查看/编辑	维护单位：柳州中心
水质 苯系物的测定 顶空/气相色谱法	HJ 1067-2019	查看/编辑	查看/编辑	查看/编辑	维护单位：柳州中心

图 2-20

问题 2-8　项目方法库中找不到所需的项目，该怎么办？

A：先检查项目方法库中有无该参数，是否存在同一参数名称有多个别名（如氯仿为三氯甲烷的别名）（回答：区中心　潘艳）

问题 2-9　为何监测模板无法找到项目方法库的方法？

A：检查项目方法库中该方法是否添加有参数，联系该方法的项目方法库维护单位添加参数并维护分析项，即可添加进监测模板中。（回答：贵港中心　邓嫔卿）

问题 2-10　为何标准物质管理无法关联分析项自动判定？

A：实际工作中可能存在样品结果的单位与标准物质单位不一致导致判定错误；标准物质管理员对分析记录分析项不熟悉，无法进行维护且维护工作量大。（回答：区中心　徐业梅　覃华芳）

问题 2-11　同一方法中并不是所有项目都有资质，如何处理？

A：项目方法库中选择有资质的参数，点击"更多操作－关联机构"即可。（回答：区中心　吕保玉）

第三章

其他

问题 3-1　如何新增新用户？

A：在"用户管理"中新增账号，随后在"人员管理"界面将该用户添加进人员管理中，新用户即可正常使用。（回答：区中心　姜同强）

问题 3-2　为何界面文字显示异常？

A：关闭浏览器的"翻译成中文"的选项。（回答：区中心　姜同强）

问题 3-3　登录时提示账号锁定怎么处理？

A：第一次登录新账号时，系统新建的账号默认是锁定状态。因此只需要联系所在单位的系统管理员在用户管理界面将对应账号状态改成激活即可。（回答：区中心　姜同强）

问题 3-4　提交时找不到某人员如何处理？

A：首先检查人员管理中是否有该人员，如果没有要先添加到人员管理中，"是否过滤"选为"否"，详见图 3-1。

图 3-1

检查要选的人，有没有对应科室权限，若没有，同样也要添加，详见图 3-2。（区中心　姜同强）

图 3-2

问题 3-5　忘记密码怎么办？

A：联系所在单位系统管理员在用户管理界面进行密码修改或初始化密码。初始化密码后的密码和用户名一致。（回答：区中心　姜同强）

问题 3-6　原始记录中样品编号规则是什么？

A：样品编号规则：除应急监测外，样品编号规则为"GXYAABBCCCCC"，其中：GX 代表监测机构；Y 为样品类别，包括水和废水、海水、生物（S）、气和废气（Q）、土壤、水系沉积物、海洋沉积物（T）、固废、生物残留体（G）、噪声和振动（Z）；AA 为年份；BB 为月份；CCCCC 为样品流水号。样品编号举例：GXS220100001。

如：2022 年 8 月的第 1~4 个样品为噪声，其编号为 GGZ220800001~GGZ220800004；第 5~8 个样品为废气中的烟尘，其编号为 GGQ220800005~GGQ220800008；第 9~13 个样品为废水中的 COD，其中有个为平行样，该系列样品编号为 GGS220800009~GGS220800013。（注：样品编号中的年月与采样准备的年月有关，与计划的采样时间无关。）

采样介质编码规则为 GXAABBCCDDD，其中：GX 为单位简称；AA 为介质类型，其中滤筒为 LT，滤膜（滤纸）为 LM；BB 为年份后两位，CC 为月份，DDD 为流水号。示例如下：GXLT2108001、GXLM2108001。（回答：区中心　何东明）

问题 3-7　如图 3-3 所示，采样准备里的容器信息如何维护？可否举例说明？

图 3-3

A：以监测项目铜、锌合采为一瓶样品为例。

入口：全面资源管理－主业务静态数据－监测模板－容器信息维护。

第一步：点击界面左侧的"添加"，在"添加"界面选择样品类型和容器类型，填写采样个数，选择监测项目和分析方法，根据监测项目和方法填写贮存方式，点击"确认"即可完成一条监测项目的容器信息维护，详见图 3-4。

图 3-4

第二步：选择刚才新添加的容器信息，点击上方的"添加检测项目"，选择需要合采的项目和分析方法，确认，即可完成铜、锌合采为一瓶的容器信息维护，详见图 3-5。

图 3-5

第三步：根据监测方法维护好所有的容器信息后，在"现场采样－采样准备"界面，点击"同步容器信息"，所有项目将会按照事先维护好的样品类型的容器信息分瓶。

注：（1）容器信息维护是根据样品类型维护的，不同的样品类型需维护各自的容器信息。

（2）容器信息里的监测项目是根据方法维护的，若是监测计划编制选择的监测项目的方法和容器信息维护中的方法不一致，也会导致分瓶失败，所以必须是样品类型、项目和方法都一致的情况下才能成功分瓶。（回答：贵港中心　邓嫔卿）

问题 3-8　容器信息维护时，如何添加想要的容器类型？

A：可以在"全面资源管理－主业务静态数据－监测模板－容器类型"中自行添加。点击界面左侧的"添加"按钮，填写容器类型编码、容器类型名称，完成添加，随后补充完善材质及颜色信息即可。容器类型编码无编码规则，与现有的容器类型编码不冲突即可。（回答：区中心　吕博伟）

065

问题 3-9　系统变更情况、菜单权限汇总等信息在哪里可以查看？

A：系统首页－资源共享中可查看相关信息，详见图 3-6。（回答：区中心　李桃　梁华）

图 3-6

问题 3-10　样品类型可以自定义吗？

A：可以，但是系统现有样品类型已基本能满足日常监测需求，不建议用户再做自定义修改。已下达任务不允许再修改样品类型，否则无法形成报告，且样品类型不可自定义为"地表水－0""标准物质"等表述，可以删除或更改，会导致系统无法识别样品类型，任务无法流转、无法修复。（回答：区中心　姜同强　凌玲）

问题 3-11　系统上哪些地方可以终止样品？

A：系统上有多处可以分包/终止，分布在任务下达、采样准备、样品接收、分析任务指派，当点击分包后，样品将不会流转到下一步，详见图 3-7～图 3-10。

系统上无分包流程，此处分包的按键代表分包、委托及终止，目的是为了样品不流转，并不是真正意义上的分包。（回答：区中心　吕保玉）

图 3-7

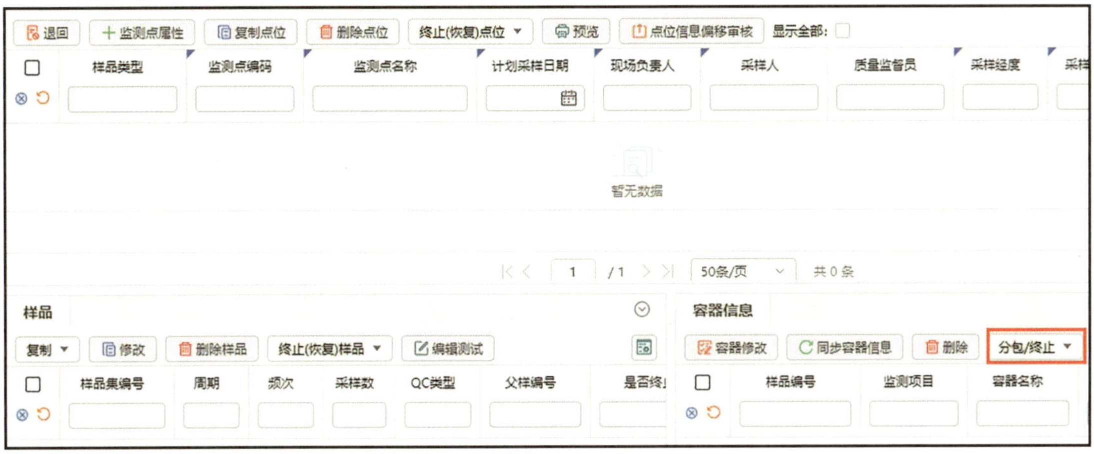

图 3-8

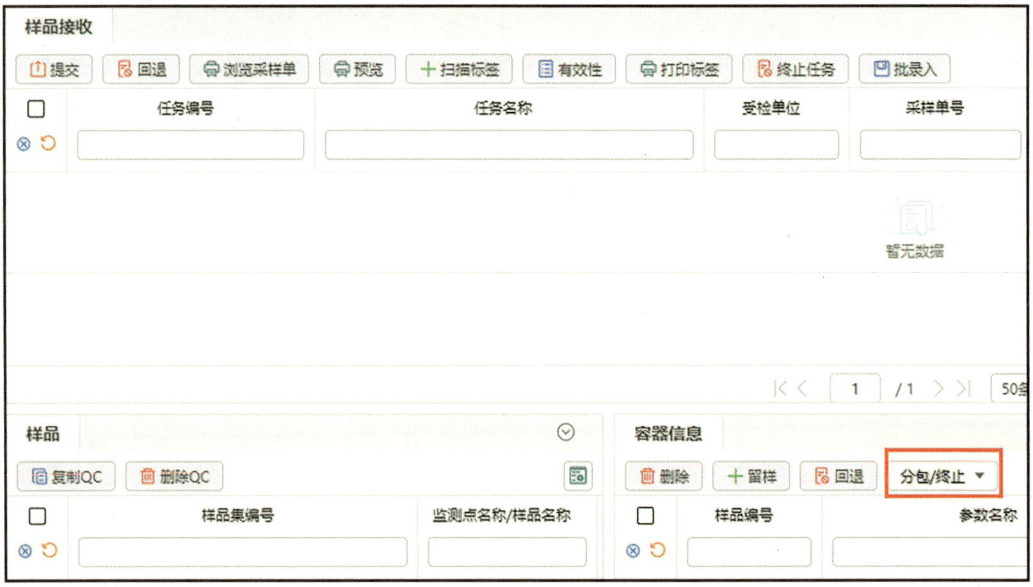

图 3-9

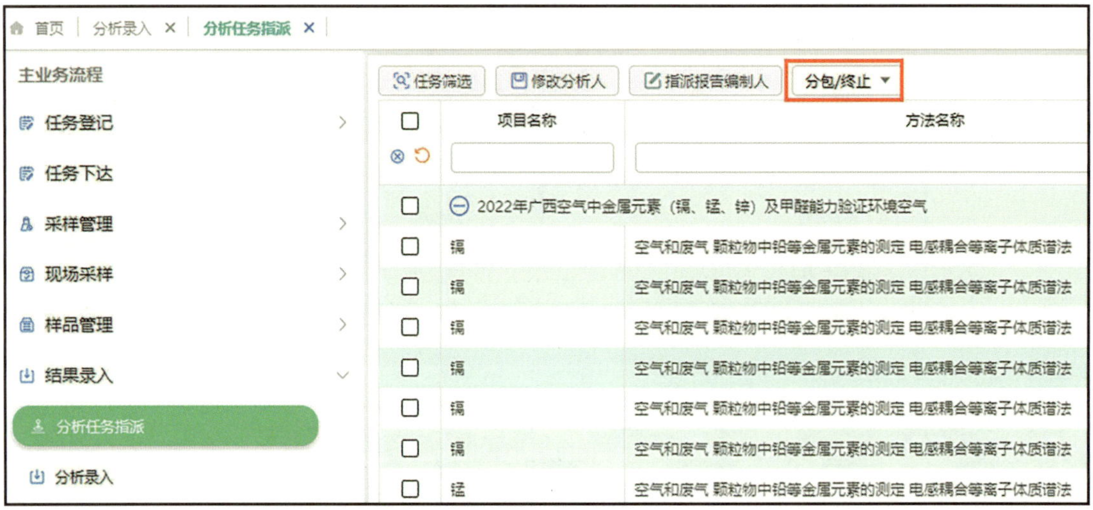

图 3-10

问题 3-12　人员与日期有哪些规则？

A：采样人员、互审人员、校核人员与审核人员不能为同一人；采样人员不能监督互审人员，互审人员不能监督采样人员；监测日期≤校核日期≤审核日期；分析日期≤校核日期≤审核日期；监测报告日期以签发日期为准；现场采样监测日期不能选择未来的日期；样品交接日期≤分析任务指派日期≤分析日期；采样及分析为多日的记录时，只显示第一日的日期。（回答：区中心　付洁）